André Vogt

Typgerechtes
Welpentraining

André Vogt

Typgerechtes **Welpentraining**

GRUNDSCHULE FÜR HUNDEKINDER ... 92

SCHRITT-FÜR-SCHRITT-VIDEOS ZU IHREM RATGEBER

Dieser Ratgeber hält noch zwölf hilfreiche Trainingsvideos für Sie bereit. Die entsprechenden Stellen sind durch folgendes Icon gekennzeichnet.

Die Videos vom Welpentrainer André Vogt zu den Seiten 21, 30, 60, 98, 104, 124, 130, 136, 146, 156, 162 und 166 finden Sie hier:

https://www.gu.de/Streaming-typgerechtes-Welpentraining/

Hunde sind unsere Gefährten. Faszinierende Geschöpfe, die uns begleiten, uns kennen und anerkennen, sich mit uns freuen oder mit uns traurig sind. Durch gegenseitigen Respekt entstehen wunderbare Freundschaften.

Vierbeiner und Zweibeiner, das ist eine Liebesbeziehung, an deren Beginn die Welpenzeit steht. Eine kurze Phase, die rasend schnell vergeht, die aber den wichtigen Meilenstein für das lebenslange Miteinander dieser Beziehung legt. Wie nutze ich diese ersten Wochen, um den Welpen zu einem Gefährten auszubilden, der mich als Autorität und Freund gleichermaßen anerkennt?

Als Welpentrainer lege ich auf diese Zeit einen besonderen Fokus. Sie prägt nicht nur die Beziehung zwischen Hund und Frauchen oder Herrchen, sondern auch die Sicht des Hundes auf die Welt. In diesem Buch möchte ich Sie durch diese spannende Zeit begleiten. Dabei liegt mir besonders am Herzen, Ihnen keinen starren Unterrichtsplan an die Hand zu geben. Die Welpenzeit ist eine Kennenlernzeit. Jetzt dürfen Sie den Charakter Ihres Hundes entdecken.

Was für ein Typ ist da bei mir eingezogen? Dieses Buch wird immer wieder Hunde in vier Typen unterscheiden, um Sie und Ihren Hund so individuell wie möglich in das gemeinsame Leben zu begleiten. Da gibt es die Draufgänger, die Sturköpfe, die Gemütlichen und die Sensibelchen. Doch nicht nur Sie werden viel über das Wesen Ihres Hundes erfahren, auch Ihr Hund wird Sie in seinen ersten Wochen kennenlernen. Er wird sich auf Sie und Ihre Welt einstellen. Ihr Verhalten prägt nun nicht nur seine erste Entwicklung, sondern ist die Richtschnur für Ihr gemeinsames Mensch-Hunde-Leben.

Deshalb möchte ich Ihnen bereits an dieser Stelle das Geheimnis einer guten Beziehung zwischen Mensch und Hund verraten. Seien Sie Sie selbst und haben Sie Freude an dem neuen Wesen in Ihrem Leben. Sie brauchen keine Angst vor Fehlern zu haben, jede Unsicherheit spürt Ihr Welpe. Begegnen Sie ihm und der neuen Aufgabe mit Ruhe, Gelassenheit und Freude. Denn der Hund ist das Spiegelbild seines Menschen.

Für alles, was noch dazugehört, wie Sie Ihren Hund an Ihr Leben gewöhnen, ihm die Regeln für ein gutes Zusammenleben beibringen, ihn fit machen für Spaziergänge in der Natur genauso wie für einen Besuch in der Stadt, ihn an die Leine, an Kinder und andere Tiere gewöhnen, dafür stehe ich mit diesem Buch an Ihrer Seite. Ich freue mich darauf und wünsche Ihnen und Ihrem neuen besten Freund eine wunderschöne, unvergessliche Welpenzeit.

Herzlich
Ihr

START IN DAS GLÜCK MIT HUND

Ihr Traum-Welpe ist endlich da. Willkommen im neuen Zuhause! Jetzt ist es an der Zeit, sich näher kennenzulernen, eine gemeinsame Sprache zu finden und den Grundstein für eine innige Beziehung zu legen. Lassen Sie dem kleinen Vierbeiner Zeit, alles in Ruhe zu erkunden. Entdecken Sie gemeinsam mit ihm die Welt. Fördern und fordern Sie Ihren kleinen Vierbeiner und stärken Sie so sein Selbstvertrauen.

DAS IST FÜR DAS ZUSAMMENLEBEN WICHTIG

Schon der Welpe muss lernen, einige Grundregeln zu beachten. Das verschafft ihm mehr Freiheit und Ihnen einen entspannten Alltag. Aber auch der Vierbeiner hat Wünsche an seine Menschen, deren Erfüllung ihn zu einem treuen Begleiter machen.

DER GUT ERZOGENE HUND

Was ist überhaupt ein gut erzogener Hund? Diese Frage scheint nahezu philosophisch. Fragen Sie einfach einmal auf der Hundewiese herum, Sie werden von jedem Halter eine andere Antwort erhalten. Der eine ist stolz auf das Repertoire der Tricks, die sein Hund liefern kann. Der andere erwartet, dass der Vierbeiner perfekt bei Fuß geht. Die Wahrheit ist, Erwartungen und Erziehungsziele sind so unterschiedlich wie jedes einzelne Mensch-Hund-Team. Und das ist auch in Ordnung. Wichtig ist nur, dass Sie wissen, wo die Reise hingehen soll. Ihnen sollte klar sein, welche Erwartungen Sie an Ihren Hund haben, und diese sollten Sie im Auge behalten. Das setzt voraus, dass Sie sich vorher Gedanken gemacht und ein Ziel – vorzugsweise mit der ganzen Familie – formuliert haben, auf das es gilt hinzuarbeiten.

Ein Dream-Team von Anfang an

Eine grundsätzliche Wahrheit aber bleibt immer bestehen: Ganz unabhängig von Ihrem Beweggrund, sich einen Hund anzuschaffen, und von dem Ziel, das Sie mit dem neuen Familienmitglied verfolgen: Ein Hund ist nur dann gut erzogen, wenn die Beziehung zwischen ihm und seinen Menschen funktioniert. Natürlich möchten wir alle einen immer aufmerksamen, mental mit uns verbundenen Hund haben. Dann ergibt sich freies, freudiges Folgen ganz von allein. Und dann sind auch die Signale, die Ihr Hund im Laufe seines Lebens lernt, weniger wichtig. Theoretisch ist es möglich, einen Hund top zu erziehen, ohne dass er nur ein einziges Kommando erlernt hat. Aus meiner Berufserfahrung und meinem eigenen Leben mit Hund weiß ich, dass die Kommandos in erster Linie dem Menschen dienen, denn es ist seine Sprache, seine Art und Weise, sich mitzuteilen. Aber auch wir Menschen möchten nicht nur dirigieren, sondern mit dem Hund zusammen eine soziale Einheit bilden. Und deshalb ist die Qualität der Beziehung, die Sie zu Ihrem Hund aufbauen, so entscheidend. Wenn diese stimmt, wird alles andere leicht sein. Denn stimmt die Bindung zwischen Mensch und Tier, gehorcht der Hund aus eigenem Antrieb. Es ist sein Wunsch, mit Ihnen zu arbeiten, Ihnen zu gefallen und Ihre Kommandos auszuführen. Sie sind sein »Leader«, und es macht ihm Freude, an Ihrer Seite zu sein. Ihr Lob ist sein höchstes Ziel.

Erziehung bringt Freiheit

Ein gut erzogener Hund macht das Leben für Sie um einiges schöner, aber auch für die Begegnung mit anderen Menschen ist die Erziehung enorm wichtig. Ein Hund, der gehorcht, darf ohne Leine laufen. Nur ein erzogener Hund kann diese Freiheit genießen. Denn er kann herangerufen werden und wird weder Tiere noch andere Menschen behelligen. Und Sie ernten auf Ihren Spaziergängen anerkennende Blicke, ein Lächeln und ein Dankeschön. Ich bin überzeugt, erst durch eine gelungene Erziehung kann das Leben mit Hund solch eine Bereicherung sein, wie ich sie bei meinen Hunden empfinde.

Zwei, die sich mögen. In Familien mit Kindern geht es meist turbulent zu. Ein Welpe braucht jedoch noch viel Schlaf und einen ungestörten Rückzugsort.

DER HUNDEKNIGGE

In Ihr Leben zieht demnächst ein Hund ein. Das bedeutet die Übernahme einer großen Verantwortung. Natürlich beinhaltet die Anschaffung eines jeden Tieres immer auch die Pflicht, sich um eine artgerechte Haltung zu bemühen. Aber ein Hund als Haustier ist noch ein gutes Stück Mehr an Verantwortung. Denn anders als mit einem Kaninchen oder Meerschweinchen werden Sie sich mit ihm in der Öffentlichkeit bewegen und müssen nicht nur dafür Sorge tragen, dass er nicht zu Schaden kommt, sondern vor allem auch, dass Ihr vierbeiniger Liebling gleichermaßen keinen Schaden verursacht.

Für mich als Welpentrainer ist es deshalb eine Herzensangelegenheit, an jeden Halter zu appellieren: Achten Sie darauf, dass sich Ihr Hund auf der Straße und im Wald, einfach überall außerhalb Ihrer eigenen vier Wände gut benimmt. Also keine anderen Menschen oder Tiere belästigt, sich neutral in seiner Umwelt bewegt. Denn nur dann können wir als Hundefans eine hundefreundliche Gesellschaft formen.

Erste Benimmregel: Den Hund heranrufen

Also lautet für mich die erste Benimmregel, die ich jedem Hundehalter mit auf den Weg geben möchte: Rufen Sie Ihren Hund vor jeder Begegnung mit anderen Menschen und Tieren heran (→ Der perfekte Rückruf, Seite 136). Für mich ist das ein selbstverständlicher Akt der Höflichkeit und Rücksicht. Sie wissen schließlich nicht, ob der entgegenkommende Mensch vielleicht Angst vor Hunden hat. Wie sollte der auch »riechen«, dass Ihr Liebling ganz harmlos ist? Und die Erklärung, dass der drauflosstürmende

Diese erwachsenen Hunde sind wohlwollend gegenüber dem Kleinen eingestellt. Selbstverständlich ist das nicht.

So klein er noch ist – schon der Welpe muss lernen, sich gut zu benehmen. Nicht nur gegenüber erwachsenen Artgenossen, sondern auch seinen Menschen gegenüber.

Hund »Kinder ja so gern hat«, »nur spielen möchte«, erregt unter Umständen berechtigten Unmut. Lieber den Hund aktiv freigeben, ihn mit einem deutlichen »Jetzt« entlassen, falls sich unser Gegenüber als Hundefreund entpuppt. Das macht übrigens jede Begegnung angenehmer und kontrollierter – für Sie und den Hund.

Zweite Regel: Der Hund läuft immer an der reizabgewandten Seite

Fast auf jedem Spaziergang bemerke ich, dass die Hunde von ihren Besitzern bei Begegnungen nicht geführt werden. Ist der Hund frei, läuft er häufig Passanten in den Weg oder ungefragt zu anderen Hunden. Ist er an der Leine, läuft er dennoch ungehindert zum Reiz hin. Wer hat ihn nicht schon gehört, diesen Satz: »Sollen die sich mal Hallo sagen?« Und dann oft das absolute Unverständnis, wenn ich das nicht möchte. Sozialkontakte seien doch so wichtig für den Hund – was übrigens stimmt. Aber auch wir Menschen begrüßen nicht jede Person, die uns entgegenkommt, mit Handschlag. Und Ihr Hund braucht nicht Kontakt zu jedem Artgenossen. Darüber hinaus sind Kontakte an der Leine niemals eine gute Idee. Die Leine löst Spannung aus, denn die Hunde können nicht artgemäß kommunizieren. Sie als Halter

Heute schon so viel erlebt! Jetzt ist erst mal eine Runde Schlaf angesagt. Schließlich müssen die aufregenden Erlebnisse verarbeitet werden. Das Schrankfach wird zum sicheren und gemütlichen Ruheplatz. Träum schön!

können ebenfalls nur sehr eingeschränkt auf Ihren Hund einwirken, da Sie sich gleichsam mit dem Hinterteil Ihres Hundes unterhalten. Körpersprachliche Kommunikation mit Ihrem Hund ist so nicht möglich, Ihr Hund agiert, und Sie müssen sehen, wie Sie noch reagieren können. Deshalb sollte sich Ihr Hund bei jeder Begegnung auf der sogenannten reizentfernten Seite befinden. Das bedeutet, Sie befinden sich zwischen dem, was Ihnen entgegenkommt, und Ihrem Hund. Das gibt allen Sicherheit. Dem Gegenüber, weil es sieht, der Hund ist unter Kontrolle. Und Ihrem Vierbeiner, falls er unsicher wird. Aber auch Sie können entspannter sein, weil Sie leichter auf den Hund einwirken können, wenn er denn doch losstürmen möchte. Falls die Situation es hergibt, können Sie Ihren Hund selbstverständlich freigeben und laufen lassen. Wie das genau funktioniert, erkläre ich Ihnen im praktischen Teil dieses Ratgebers ab Seite 92.

In diesem Zusammenhang ist auch noch Folgendes wichtig: Ihr Hund ist immer nur so weit von Ihnen entfernt, dass Sie ihn stets sicher unter Kontrolle haben, er also zuverlässig auf Aufforderung zurückkommt oder sich hinsetzt. Kein Hund sollte als Erstes auf der Kreuzung sein oder um die Kurve laufen. Sie wissen schließlich nie, wer oder was dort kommt, und schützen auf diese Weise sowohl andere Menschen als auch Ihren Hund.

Dritte Regel: Häufchen aufsammeln

Und dann gehört da noch eine Sache zum guten Ton: Sie müssen die Hinterlassenschaften Ihres vierbeinigen Lieblings beseitigen, wenn Sie mit ihm unterwegs sind. Wer mit seinem Hund dort spazieren geht, wo andere Menschen laufen und sich bewegen, der packt selbstverständlich den Kot seines Vierbeiners ein und wirft den Beutel anschließend in den Müll. Dass der Kotbeutel nicht einfach in der Natur entsorgt werden darf, versteht sich von selbst.

WAS HUNDE SICH VON IHREN MENSCHEN WÜNSCHEN

Wir Hundefreunde möchten einen Vierbeiner, der uns über alles liebt, uns vertraut, uns treu begleitet und uns gehorcht. Was aber würde Ihr Welpe sich von Ihnen wünschen? Was genau ist es, das Hunde an ihren Menschen schätzen? Nun, zunächst einmal

sollte Ihnen klar sein, der kleine Kerl hat nicht wirklich eine Wahl gehabt. Also ist es Ihre Pflicht und Verantwortung, dem neuen Familienmitglied ein möglichst hundegerechtes Leben zu bieten. Hunde sind hochsoziale Wesen, wunderbarerweise nicht nur Artgenossen, sondern auch dem Menschen gegenüber. Gerade deshalb müssen wir die Bedürfnisse unserer Hunde kennen und erfüllen.

In einem Sozialverband vertraut und folgt man immer dem, der die meiste Erfahrung hat, der Souveränität und Sicherheit ausstrahlt und auch Grenzen setzen kann. Hunde wollen feste Strukturen, klare Regeln und Grenzen. Leider fühlt der Mensch sich oft schlecht dabei, diese zu etablieren und durchzusetzen. Dadurch wird die Erziehung schwammig, was dazu führt, dass der Hund nicht weiß, an was und an wen er sich halten kann und soll. Das macht am Ende keinen glücklich – weder den Hund noch den Menschen. Probleme sind vorprogrammiert.

Hunde lieben Führungspersönlichkeiten

Diesen Menschen kann man vertrauen, der Hund kann sich ihnen buchstäblich anvertrauen. Es sind Menschen, die agieren und stets wissen, was zu tun ist. Das vermittelt dem Vierbeiner Sicherheit.

Hunde lieben es, dabei zu sein

Darüber hinaus schweißen gemeinsame Unternehmungen zusammen. Ob Ihr vierbeiniger Liebling nun bei Ihren Aktivitäten mit von der Partie ist oder Sie mit ihm eine spezielle Hundesportart wie zum Beispiel »Agility« trainieren, spielt in diesem Fall keine Rolle. Eine rein körperliche Auslastung ist jedoch bei den meisten Hunden ohnehin nicht möglich. Je mehr Sie zusammen mit Ihrem Vierbeiner machen, beispielsweise joggen, Rad fahren oder einfach nur toben, desto besser wird jedoch die Kondition Ihres Hundes, und am Ende wird er Sie in Grund und Boden rennen.

Hunde möchten spazieren gehen

Den Ablauf eines Spaziergangs stellt sich der Vierbeiner wahrscheinlich zunächst völlig anders vor als Sie. Der Welpe wünscht sich ganz sicher nicht ein geregeltes Gassigehen und keine ewig lange Wanderung, sondern schlichtweg die Welt draußen mit all seinen Sinnen erfahren zu dürfen. Und da diese Welt

Nach einer Ruhephase strotzt der kleine Husky voller Energie. Jetzt ist eine gute Gelegenheit, einen Ausflug zu machen oder ihm die spannende Welt vor der Haustür zu zeigen.

Liebe – und auch Erziehung – gehen durch den Magen. Zumindest macht ein Stückchen Futter das Training oft leichter. Die Belohnungen lassen sich, wenn der Hund die Lektion verstanden hat, nach und nach wieder reduzieren.

so enorm spannend für ihn ist, sollten die Spaziergänge vor die Tür zunächst kurz sein, mit wenig Reizen. Erst nach und nach ergeben sich kleinere, dann größere Runden. Der Hund, egal ob klein oder groß, möchte dabei die Welt vor allem erschnuppern. Ein Garten ersetzt längst nicht den regelmäßigen Gang in den Wald und auf die Wiese. Der Hund möchte riechen und so erfahren: Wer ist auf diesem Weg noch entlanggegangen? Welche Artgenossen sind hier unterwegs, wen kenne ich bereits, wer ist fremd? Und welche Wildtiere leben im Dickicht? Das ist seine Art, mit der Welt in Kontakt zu bleiben und auch als domestiziertes Haustier artgerecht zu leben.

Das Schnüffeln ist für Hunde als Nasentiere unerlässlich. Ein Vierbeiner, der nicht täglich die Gelegenheit bekommt, neue Gerüche zu entdecken und zu analysieren, wird aus meiner Sicht nicht artgerecht gehalten. Übrigens genieße auch ich die Spaziergänge mit meinem Hund enorm. Denn, das ist kein Geheimnis, uns Menschen tut es ebenfalls gut, draußen im Freien zu sein, sich zu bewegen und vielleicht den stressigen Alltag eine Weile zu vergessen.

Hunde möchten spielen

Das Spiel zwischen Ihnen und Ihrem Hund sollte Teil Ihres Lebens werden, egal ob im Welpenalter oder mit dem später erwachsenen Vierbeiner. Spielen zwischen Mensch und Hund oder auch unter Hunden ist immer Spaß. Im Spiel geht es niemals darum, irgendwelche Rangfolgen oder Ähnliches festzulegen. Es ist stets frei von Regeln und Training. Es geht für beide Spielpartner nur um die Freude am gemeinsamen Tun, sich miteinander zu beschäftigen.

Das bedeutet auch, dass im Spiel jeder einmal gewinnt und jeder einmal verliert. Der Hund darf durchaus auch hin und wieder mit seiner erkämpften Beute stolz von dannen ziehen! Und selbst spielerisches Knurren – auf beiden Seiten – gehört dazu. Deshalb sind Zerrspiele mit einem Baumwollknoten oder Ähnlichem deutlich besser als ihr Ruf. Natürlich muss das Spiel bei Welpen dosiert sein, denn wir wollen dem Kleinen ja nicht die Milchzähne ziehen. Es lässt sich aber auch ohne Spielzeug wunderbar zusammen Spaß haben, draußen sowie drinnen. Eigentlich ist beim Spiel mit dem Welpen alles erlaubt, was beiden Parteien gefällt. Sich auf dem Teppich wälzen, ein bisschen raufen. Schubsen Sie den Hund auch ruhig mal leicht weg, lassen Sie Bodychecks zu. Wenn Sie und Ihr Hund sich dabei wohlfühlen, ist alles wunderbar. Echtes Spiel kann nur in einer entspannten, sicheren Umgebung mit Spielpartnern, die sich kennen und vertrauen, entstehen. Dieses Vertrauen zwischen Ihnen und Ihrem neuen Freund wird von Tag zu Tag größer. Sollte der Welpe über dem Spiel einschlafen – prima! Bleiben Sie bei ihm, entspannen Sie mit ihm und gönnen Sie ihm Körperkontakt zu Ihnen. Auch das ist enorm wichtig.

Hunde brauchen geistige Auslastung

Nicht nur die körperliche, sondern auch die mentale Auslastung ist für den Vierbeiner überaus wichtig. Das sorgt für einen wachen Geist. Was das genau bedeutet, ist von Hund zu Hund unterschiedlich und hängt ein wenig auch von Ihren eigenen Vorlieben ab. Aber was können Sie tun, um Ihren Hund geistig zu fordern? Es geht darum, Ihrem Vierbeiner Aufgaben zu stellen, welche er selbstständig und über eigenes Nachdenken lösen darf. Versuch und Irrtum. Ein schönes Beispiel, wie Hunde ihren Kopf einsetzen, ist die »Kochlöffelübung« auf Seite 117. Viele Hundehalter werden bereits nach wenigen Sekunden nervös, wenn Bello nicht sofort weiterweiß. Dann wird viel zu schnell geholfen und jeder einzelne Schritt vorgekaut. Seien Sie geduldig und lassen Sie Ihren Hund ausprobieren. Solange er an einer Belohnung interessiert ist, machen Sie nichts falsch. Im Gegenteil, auf diese Art zu lernen, ist überaus spannend für den Hund und schweißt Sie beide zusammen.

Hunde brauchen Ruhezeiten

Gerade auch für den Welpen sind Ruhezeiten extrem wichtig. In der Regel wird es nie ein Problem sein, den »An-Schalter« Ihres Welpen zu finden, um ihn zum Mitmachen zu motivieren. Ihn aber runterzufahren, dafür zu sorgen, dass Ihr vierbeiniger Liebling entspannen kann, ist unendlich schwieriger, aber zunächst einmal deutlich wichtiger. Am Anfang steht deshalb eine Erziehung zur Ruhe (→ Seite 41)!

Um eine gute Beziehung zu Ihrem Hund aufzubauen und seine Bedürfnisse zu erfüllen, brauchen Sie also eine klare Kommunikation und Grenzen, die Sie gewaltfrei durchsetzen. Ebenso wichtig sind ausgelassenes Spielen ohne Regeln zwischen Ihnen und Ihrem Vierbeiner, gemeinsames Erleben, wozu auch Kuscheln und Kontaktliegen mit dem Hund gehört, sowie ausgiebige Ruhe und Entspannungsphasen.

1. Der Welpe spürt die Aufmerksamkeit, wenn man sich ihm zuwendet.

2. Körperkontakt ist wichtig für die Beziehung zwischen Hund und Mensch. Kuschelrunden lieben alle Welpen.

GEMEINSAME SPAZIERGÄNGE

Der Spaziergang, das ist für mich die wesentliche und vielleicht auch die schönste und intensivste Zeit, die ich mit meinem Hund verbringe. Für mich ist sie gelebtes Miteinander, das wesentliche und zusammenschweißende Ding zwischen Hund und Mensch. Wenn ich mir aber viele Hunde-Mensch-Paare betrachte, sehe ich tatsächlich häufig ein Nebeneinanderherlaufen statt eines aktiven gemeinsamen Spaziergangs. Viele Hundebesitzer gehen nur raus, damit das Geschäft erledigt wird. Interaktion, also sich miteinander beschäftigen? Oft Fehlanzeige. Ich finde das sehr schade, für den Hund und den Menschen. Unterforderte Vierbeiner suchen sich übrigens gern selbst Hobbys – das Jagen, zum Beispiel. Deshalb möchte ich schon Welpenbesitzer davon überzeugen, wie viel Spaß und Möglichkeiten ein Spaziergang als gemeinsames Erlebnis haben kann.

Tempowechsel: Es gibt eine Menge Dinge, wie man den Spaziergang aufpeppen kann. Das erste Spiel ist Tempo. Laufen Sie einfach einmal unvermittelt los, und Sie werden sehen, wie viel Energie Ihr Hund (sogar der Gemütliche!) in kurzer Zeit aufbringen und Freude entwickeln kann. Hunde lieben Schnelligkeit, stehen auf Bewegungen. Und dieser Spaß, den sie dabei haben, steckt richtig an. Und ein schöner Nebeneffekt: Bewegung tut auch uns Menschen gut.

Apportieren: Lassen Sie den Hund Dinge apportieren. Ganz unauffällig beispielsweise die Mütze fallen lassen und den Hund wenige Meter später auffordern, sie zu suchen. Haben Sie Apportieren trainiert (→ Seite 170), wird Ihr Vierbeiner losschnuppern, das Fundstück stolz zurückbringen und dankbar Ihr Lob einheimsen. Schon cool, oder?

Eigentlich sind Ihrer Fantasie keine Grenzen gesetzt, damit ein Spaziergang zum kleinen Abenteuer für Ihren Hund wird. Lassen Sie ihn etwa Futter suchen, spielen und toben Sie einfach ein wenig mit ihm, sprechen Sie zu Ihrem kleinen Liebling. Hunde balancieren auch gern über Baumstämme, springen über Bäche und haben einfach gern eine richtig gute Zeit mit Ihnen zusammen. Sie werden sehen: Ihr Hund ist auf dem Spaziergang ein toller, ansteckend vitaler Begleiter.

Gute Gewohnheiten aufbauen

Die Art und Weise der Interaktion zwischen Ihnen und Ihrem Hund prägt das Verhalten des Welpen. Deshalb lohnt es sich, von Beginn an gute Gewohnheiten auf den Spaziergängen aufzubauen und schlechte zu vermeiden. Ihr Schützling soll im besten Fall von Anfang an lernen, dass Sie die Entscheidungen auf dem Spaziergang treffen. Ich sehe immer wieder Hundehalter, die gerade draußen sehr zögerlich mit ihrem Hund interagieren. Und manchmal verstehe ich die Situation auch. Gerade Welpenbesitzer freuen sich, wenn Ihr Hund freundlich auf andere Spaziergänger zurennt – und die ihn auch noch zum Knuddeln süß finden. Eine eigentlich schöne Situation, die dem Hund aber leider viele falsche Signale einprägt. Auf fremde Menschen einfach losrennen? Wenn der Hund ausgewachsen ist, wird er damit weniger Freude erzeugen. Generell gilt: Nimmt sich der Mensch draußen zu stark zurück, verliert der Hund das Interesse und übernimmt nach und nach selbst die Führung. Die Konsequenzen sind starker Stress für Hund und Mensch.

Es lohnt sich also, direkt vom Welpenalter an mit viel Freude und Konzentration loszuziehen und schlechte Gewohnheiten gar nicht erst aufzubauen. Mit der Trainingsleine am Geschirr und etwas vorausschauendem Verhalten, ähnlich wie beim Autofahren, funktioniert das sogar ziemlich stressfrei. Investieren Sie in gute Gewohnheiten, das macht nämlich auch richtig Spaß. Sorgen Sie dafür, dass der Hund Sie im Fokus hat. Die Handfütterung (→ Seite 84) ist gerade in dieser Zeit eine super Methode, dem Hund zu verdeutlichen, dass Sie auch und gerade draußen sein Mittelpunkt sind. Ein bisschen mehr Mühe und Konzentration in der Welpenzeit führt langfristig zu maximaler Entspanntheit auf Spaziergängen.

MEIN TIPP

Auf dem Spaziergang lässt sich erwünschtes Verhalten durch ein Leckerchen super verstärken. Noch reizvoller ist für den Welpen die Belohnung, wenn er sie nicht aus der Hand frisst, sondern jagen darf. Werfen Sie dafür das mitgebrachte Leckerchen einfach wie einen Ball – und schon hat der Welpe den Extra-Kick. Er erjagt sich seine eigene Beute, hat somit Spiel und Futter gleichermaßen als Lohn erhalten. Ein netter Nebeneffekt: Sie leisten durch diesen kleinen Spaß eine gute Vorbereitung für die Übung »Der perfekte Rückruf«, Seite 136.

Auf einem niedrigen Baumstamm balancieren, Tempowechsel, ein bisschen toben, Futter suchen oder über einen kleinen Bach springen. Ein Spaziergang kann so abwechslungsreich sein und vermittelt dem Welpen viele neue Eindrücke.

DIE DREI VARIANTEN DES SPAZIERENGEHENS

Inwieweit Ihr kleiner Vierbeiner Freiheiten beim Spazierengehen genießen darf, hängt einerseits von der Situation, andererseits davon ab, wie gut die Bindung zwischen dem Welpen und Ihnen ist.

An der Leine. Der Hund ist an der kurzen Leine, also stark begrenzt in seinem Radius. Diese Situation ist geeignet, um mit dem Hund durch die Stadt zu gehen, ihn sicher an stark befahrenen Straßen entlangzuführen – und natürlich auch überall dort, wo es vorgeschrieben ist. In dieser Situation sollte der Hund schon im Welpenalter trotz der starken Begrenzung lernen, ganz entspannt an lockerer Leine neben Ihnen herzulaufen, egal was passiert, wie gut es am Wegesrand riechen mag und egal, wer Ihnen alles entgegenkommt. Lesen Sie dazu das Kapitel zum Thema Leinenführigkeit auf Seite 130. Auch hier gilt: Üben im Welpenalter lohnt sich.

Freies Begrenzen. Auf dem Weg zur kompletten Freiheit empfehle ich Ihnen den Zwischenschritt des freien Begrenzens (→ Seite 104). Obwohl Ihr Hund vermeintlich unangeleint läuft, ist er dennoch unter Ihrer direkten Führung. Das gelingt, indem Sie darauf achten, dass Ihr Hund Sie nicht überholt.

Freies Laufen. Das ist die wohl größte Belohnung für jeden Hund. Sie vertrauen ihm und schenken ihm die maximale Freiheit. Auf Wiesen oder Feldwegen, da, wo keine Gefahr lauert, darf der Hund sich frei bewegen. Sicherheit, in dieser Situation nicht die Kontrolle zu verlieren, gibt das Kapitel »Der perfekte Rückruf« auf Seite 136. Hier zeige ich Ihnen, wie Sie den Hund stets zu sich heranrufen können. Sie sollten ihn immer sehen können, um ihn und andere vor möglichen Gefahren zu schützen. Ob Ihr Hund tatsächlich schon mit dieser Freiheit umgehen kann, können Sie sehr gut beobachten. Nimmt der Hund immer wieder Blickkontakt zu Ihnen auf? Dann hat er gelernt und verinnerlicht, dass Sie sein Fokus sind. Er sollte sich stets vergewissern: Alles okay? Bist du noch da? Hier zeigt sich die Qualität der Beziehung zwischen Ihnen und Ihrem Hund. Sind Sie in der Lage, Ihren frei laufenden Welpen in jeder Situation zu kontrollieren, haben Sie ihn erfolgreich erzogen.

JEDER HUND IST EINE PERSÖNLICHKEIT

Welpe ist nicht gleich Welpe. Schon in einem Wurf gibt es ganz unterschiedliche Typen. Der eine ist gemütlich, der andere forsch, der Nächste eher vorsichtig. Finden Sie heraus, wie Ihr Vierbeiner tickt.

DIE VERSCHIEDENEN HUNDETYPEN

In der Verhaltensbiologie werden Hunde, ähnlich wie in der Humanpsychologie, grundsätzlich in zwei Typen eingeteilt: Hunde des A-Typs und des B-Typs. Bei beiden Typen gibt es auch eine instabile Form.

Hunde vom Typ A sind sehr extrovertiert, neugierig und interessiert an ihrer Umwelt. Es sind sehr sichere, souveräne Hunde, die stets wissen, was zu tun ist. Der instabile Typ A kann mit bestimmten Situationen nicht umgehen und reagiert dann auch schon mal cholerisch und unbeherrscht. Er ist stressanfällig, was aggressives Verhalten zur Folge haben kann. **Hunde vom Typ B sind introvertiert**, zurückhaltend und in sich ruhend. Durch seine Ruhe und Gelassenheit ist auch dieser Typ sicher und souverän. Er ist jedoch abwartend, ja nachdenkend. Hunde des instabilen B-Typs sind häufig unsicher. Sie vermeiden Konflikte und reagieren mit Rückzug, wo es geht.

Wie der Charakter geformt wird

Der Charakter eines Hundes setzt sich immer aus mehreren Faktoren zusammen. Da ist zum einen die Genetik. Neue wissenschaftliche Studien zeigen, dass sich Stress der Mutterhündin während der Trächtigkeit negativ auf ihren Nachwuchs auswirkt. Diese wiederum kann diese Negativerfahrung an die eigenen Kinder weitergeben. Charakter formt sich darüber hinaus auch durch Umwelt und Erfahrung.

Letztendlich ist es für Sie als Halter, der einen bestimmten Hundetyp hat, weniger wichtig, warum dieser so ist, als vielmehr, wie können Sie mit dessen Eigenschaften am besten umgehen. Wie ist, gerade für diesen Typ, Erziehung und Training zu gestalten? Dabei soll dieser Ratgeber helfen. Generell gibt es in der Hundeerziehung keine allgemeingültige Regel, die auf jedes Hund-Mensch-Team anwendbar ist. Haben Sie einen sehr **sensiblen Hund**, braucht es nur wenig, um ihn zu beeindrucken. Man kann von Anfang an deutlich feiner mit solch einem Vierbeiner

Auch unter Hunden gibt es verschiedene Charaktere. Sie werden bestimmt schnell herausfinden, zu welchem Typ Ihr kleiner Vierbeiner gehört.

arbeiten als mit einem **Sturkopf**, der dreimal nachfragt, ob Sie meinen, was Sie sagen. Dennoch gibt es einige Dinge, die stets gleich bleiben. Hunde sind Hunde, und sie wollen als solche behandelt werden, unabhängig von Rasse und Temperament!

Ich unterscheide in diesem Ratgeber zwischen vier gängigen Hunde-Typen: **dem Draufgänger**, **dem Sensiblen**, **dem Sturen** und **dem Gemütlichen**. Doch natürlich ist nicht alles schwarz oder weiß. Die wenigsten Hunde sind nur gemütlich oder nur draufgängerisch. Ein Hund kann durchaus zum sensiblen Typ gehören und trotzdem plötzlich nachfragen, ob er unbedingt das tun muss, was ihm gesagt wurde. Er wird sich allerdings schneller überzeugen lassen als ein Sturkopf. Der Gemütliche kann auch immer mal wieder einen Temperamentsausbruch haben. Der Sture kann durchaus in einer bestimmten Situation sehr unsicher reagieren (→ Test, Seite 88).

DER DRAUFGÄNGER

Diesen Typ Hund sollten Sie stark fordern und fördern. Gehen Sie mit ihm ins Unterholz, stellen Sie ihm Mutproben und beziehen Sie ihn vom Welpenalter an stark auf sich. Sie müssen dem Draufgänger beweisen, dass Sie die Dinge im Griff haben und ihn leiten können. Vielfach bringt er sich selbst in Gefahr, überschätzt seine Fähigkeiten und Möglichkeiten. Durch seinen Mut bringt er sich oft in prekäre Lagen. Mit einem Draufgänger hat man einen sehr sicheren Hund, der vor nichts Angst hat und deshalb alles mitmacht. Beim Training sind diese Hunde häufig sehr triebstark und begeisterungsfähig. Wenn man ihr Interesse geweckt hat, arbeiten sie sehr gern mit. Leider lassen sie sich auch schnell ablenken. Die Konsequenz ist, dass man sich als Besitzer immer wieder interessant für den Hund machen muss. Je abwechslungsreicher und variabler mit diesen Vierbeinern gearbeitet wird, umso lieber werden sie mitmachen. Mit einem hohen Anspruch und genug Förderung sind diese Hunde leicht zu erziehen. Langweilen sie sich, suchen sie sich eigene Beschäftigungen und zeigen scheinbar keine Bereitschaft, sich für ihren Besitzer zu engagieren (→ Die Geschichte von Luna, Seite 44).

Ein Draufgänger hat vor nichts Angst. Er will am liebsten alles und sofort. Dieser Hund ist sehr aktiv und hat große Freude am Rennen und Toben.

Der Sensible ist von Natur aus vorsichtig und braucht oft etwas länger, Neues zu akzeptieren. Nimmt man darauf Rücksicht, dankt er dies mit besonderer Anhänglichkeit.

DER SENSIBLE

Dieser Typ Hund ist besonders empfindlich und feinfühlig. Der Sensible ist in der Regel vorsichtig, manchmal unsicher. Er braucht Zeit, Dinge zu untersuchen und als ungefährlich abzuspeichern. Dieser feinfühlige Vertreter der Hundegesellschaft ist meist sehr anhänglich. Er kennt stets Ihre momentane Stimmung. Stärker noch als andere Hunde wird er Sie spiegeln. Im Training wird er versuchen, Ihnen alles recht zu machen. Versteht er Sie nicht, wird er statt es auszuprobieren lieber gar nichts mehr versuchen. Zu groß ist seine Sorge, sich falsch zu verhalten. Obwohl er sich so konträr zum Draufgänger verhält, tun auch einem sensiblen Hund Mutproben durchaus gut. Denn die stärken sein Selbstbewusstsein und nehmen ihm vielleicht auch den einen oder anderen Angstmoment. Von allein tut der Sensible nicht viel. Er braucht die Animation seines Menschen, um die Welt zu entdecken und daran Spaß zu entwickeln. Bei Spaziergängen wird er seinen Radius nicht groß ziehen und lieber an Ihrer Seite bleiben. Er hat Sorge, seine Menschen zu verlieren, und findet vieles gruselig. Alles in allem ist er sehr vorsichtig – und das ist total okay. Denn jeder Hund hat sein eigenes Tempo. Hunde vom Typ Sensibelchen brauchen viel Einfühlungsvermögen und einen ruhigen Umgang mit ihm von ihrem Halter (→ Die Geschichte von Ben, Seite 66).

DER STURKOPF

In diesem Zusammenhang muss man sich zunächst einmal fragen: Sind Hunde im menschlichen Sinne stur? Ich höre es häufig von Hundehaltern. Aber sind deren Hunde wirklich stur? Sicher nicht. Trotzdem bleibe ich in diesem Buch bei der Charakterbezeichnung des Sturkopfes, erkläre aber, was ich darunter verstehe. Sogenannte Sturköpfe sind in der Regel besonders selbstständige Hunde, die sehr gern ihre eigenen Entscheidungen treffen. Sie glauben oft, sie kämen auch ohne Menschen wunderbar zurecht. Der Sturkopf fragt gern nach, ob etwas, das Sie von ihm wollen, nötig und sinnvoll ist. Und er testet, mehr noch als andere Charaktere, seine Grenzen aus. Dadurch wirken diese Vierbeiner im landläufigen Sinne stur. Einen Sturkopf zu trainieren, das ist schon anspruchsvoll – aber genau deshalb auch sehr spannend. Denn deren Halter muss immer ein wenig mehr tun, um ihn zu überzeugen mitzumachen. Dafür ist es ganz praktisch, ihn gut zu beobachten. Was macht ihm besonders viel Spaß, und wie kann ich diese Freude nutzen, um seinen Sturkopf in einer anderen Lage zu besiegen? Ja, ganz schön herausfordernd. Aber deshalb ist es so schön und wichtig, direkt früh zu starten. Denn ein sturer Welpe, der kann sich zu einem sehr klugen Weggefährten entwickeln (→ Die Geschichte von Maja, Seite 54).

Der Sturkopf ist sehr selbstständig und recht eigensinnig. Er testet gern seine Grenzen aus. Doch wer ihn überzeugt, der hat in ihm einen zuverlässigen und klugen Begleiter.

Der Gemütliche entdeckt die Welt am liebsten von seinem Ruheplatz aus. Er braucht geduldige Menschen, die ihn zum Mitmachen bewegen.

DER GEMÜTLICHE

Dieser Hundetyp liegt gern irgendwo auf einem Ruheplatz und beobachtet seine Welt. Oft bemerkt man ihn gar nicht, eben weil er so ruhig ist. Die Gemütlichen haben gern ein Gelände, das sie gut überschauen und überwachen können. Dieser Typ Hund ist gern an Ihrer Seite und nicht sehr anfällig für entgegenkommende Reize wie zum Beispiel Jogger, Fahrradfahrer oder andere Mensch-Hund-Teams. Denn darauf einzugehen, bedeutet Bewegung und das Aufbringen von viel Energie. Mit einem gemütlichen Hund haben Sie eher wenige Probleme, aber auch eine ziemlich große Herausforderung. Und zwar, ihn aus sich herauszulocken, ihn zu Kommunikation und Spiel anzuregen. Denn dann merkt auch der Gemütliche, dass ein bisschen toben doch ganz schön viel Spaß machen kann. Alles, was der Gemütliche tut, macht er mit Bedacht. Er scheint häufig nachzudenken. Hat er etwas sicher verstanden, wird er es sein Leben lang nicht vergessen. Er hat in allem sein eigenes Tempo. Im Training kann es passieren, dass man denkt, dieser Hund lernt das nie! Aber drei Tage später führt er die Übung aus, als hätte er zuvor nie etwas anderes getan. Diese Vierbeiner brauchen viel Zeit und vor allem geduldige Menschen (→ Die Geschichte von Oskar, Seite 78).

VORBEREITUNGEN ZUM EINZUG DES WELPEN

Schon vor dem Einzug Ihres vierbeinigen Mitbewohners ist alles für ihn bereit. Sie haben die Grundausstattung sorgsam ausgewählt. Und auch Geschirr, Trainingsleine, ein Spielzeug und etwas zum Kauen warten auf den kleinen Hund.

WAS SCHON VOR DEM WELPEN DA SEIN SOLLTE

Sie haben sich entschieden. Bei Ihnen wird schon bald ein Hund einziehen. Einen neuen tierischen Mitbewohner aufzunehmen, wenn er nicht in einem Zwinger hausen, sondern aktiv als Familienmitglied integriert werden soll, ist eine besonders weitreichende und aufregende Entscheidung.

Die Ausstattung

Das Warten auf den großen Tag, an dem Sie den Welpen abholen dürfen, lässt sich wunderbar durch einige Vorbereitungen verkürzen. Ich rate frischen Hundehaltern, sich eine Liste anzufertigen, statt in einen Kaufrausch zu verfallen. Denn so wie bei allem, was uns emotional berührt, gibt es einen gigantischen Heimtiermarkt mit einigen empfehlenswerten und vielen unsinnigen Produkten, die an Frauchen oder Herrchen gebracht werden sollen. Folgendes sollten Sie jedoch bereits vor der Ankunft des Welpen als Grundausstattung parat haben:

- → Halsband (→ Seite 51)
- → Geschirr (→ Seite 51)
- → Führleine (→ Seite 51)
- → Trainingsleine (→ Seite 52)
- → Spielzeug (→ Seite 28)
- → Futternapf (→ Seite 28)
- → Wassernapf (→ Seite 28)
- → Kauartikel (→ Seite 84)
- → Futter (→ Seite 80)
- → Liegeplatz (→ Seite 28)
- → eventuell eine Hundebox (→ Seite 30)
- → Welpenzimmer (→ Seite 30)
- → Pflegeuntensilien (→ Seite 28)
- → Desinfektionsmittel
- → Küchenrollen

Was für Sie und Ihr Leben mit Hund darüber hinaus noch Sinn macht, beispielsweise welches Spielzeug Ihr »Nachwuchs« besonders gern mag und mit welcher Art von Halsband Sie und Ihr Welpe vielleicht noch besser zurechtkommen, das finden Sie im turbulenten Alltag mit dem Hund schnell selbst heraus. Außerdem macht es auch später und zwischendurch immer wieder Freude, fehlende Dinge oder etwas Neues für den vierbeinigen Liebling einzukaufen.

Qualität zahlt sich aus

Bei der Auswahl der Ausstattung sollten Sie unbedingt auf Sicherheit und Qualität achten und sich nicht von Billigangeboten »verführen« lassen. Hier einige Tipps dazu:

Das Halsband sollte Ihr vierbeiniger Liebling gern tragen, deshalb muss es vor allem bequem sitzen. Näheres dazu lesen Sie auf Seite 51.

Beim Geschirr ist es wichtig, darauf zu achten, dass sich der Hund nicht selbst befreien kann. Ungeeignet sind deshalb elastische Geschirre. Bewährt haben

Da hat aber jemand mächtig Durst! Hunde lieben es, aus Pfützen zu trinken. Aber Achtung, besonders in stehenden Gewässern können sich allerlei Krankheitskeime befinden.

sich Ypsilongeschirre, die dem Welpen viel Bewegungsfreiheit gewähren und die Schultern nicht blockieren (→ Seite 51).

Die Führleine muss nicht besonders lang, dafür aber leicht und verstellbar sein – eine Welpenleine aus Nylon ist empfehlenswert und liegt gut in der Hand (→ Seite 51).

Eine Trainingsleine gehört für mich unbedingt zur Erstausstattung, am besten drei Meter lang, schmal und leicht. Sie hat weder Ösen noch Handschlaufe, lediglich einen einzigen Haken zur Befestigung am Geschirr. Da sie ein wichtiges Hilfsmittel ist, gehe ich auf Seite 51 genauer darauf ein.

Ein kuscheliges Körbchen gehört ebenfalls zur Grundausstattung. Hier müssen Sie selbst herausfinden, was Ihr kleiner Vierbeiner bevorzugt, denn die Geschmäcker sind auch bei Hunden verschieden. Die einen mögen eine weiche, die anderen eher eine harte Unterlage. Viele Hunde schätzen einen warmen, flauschigen Ruheplatz. Aber es gibt auch solche, die es gern kühler haben.

Spielzeug für den Welpen muss in erster Linie sicher sein und den kleinen Zähnchen standhalten. Ich finde zum Beispiel Baumwollknoten geeignet oder Bälle, die mit einer Schnur versehen sind. Zwei oder drei Spielzeuge reichen völlig aus. Übrigens, absolut ungeeignet sind Tennisbälle. Denn was viele Hundehalter nicht wissen, enthält der gelbe Filz eine Substanz, die die Zähne von Hunden angreift.

Als Wasser- und Futternapf eignen sich Produkte aus Edelstahl und schwerer Keramik. Kunststoff verführt den Welpen, daran herumzukauen. Teile davon können im Magen zu Verletzungen führen.

Futter und etwas zum Kauen braucht Ihr vierbeiniger Liebling natürlich auch. Das Thema liegt mir besonders am Herzen. Ausführliches dazu finden Sie auf den Seiten 80 bis 84.

An Pflege-Utensilien benötigen Sie Kamm oder/und Bürste. Was sich für Ihren Welpen am besten eignet, hängt von dessen Haar und Behang ab. Züchter oder Hundefrisöre haben hier sicherlich den einen oder

»My home is my castle.« Das Foto spricht Bände. Der kleine Kerl genießt sein warmes, kuscheliges Körbchen. Hier lässt es sich ganz wunderbar chillen.

Ein abgetrennter Bereich, etwa im Wohnzimmer, wird für den Welpen zum Rückzugsort. Von hier aus kann er alles beobachten und ist dennoch sicher untergebracht, wenn seine Menschen gerade keine Zeit haben, sich mit ihm zu beschäftigen.

anderen Tipp für Sie. Ein kleines Pflegeprogramm gehört übrigens auch zu einer Lektion in der Welpenzeit. Der Hund sollte seine Bürste kennen und das Kämmen als angenehm empfinden. Versuchen Sie also, vorsichtig zu sein und dem Welpen einen kleinen Wellnessmoment zu schenken.

Eine Zeckenzange gehört ebenfalls zur Grundaustattung eines jeden Hundebesitzers. Ich finde den Zeckenhaken am besten – einfach und schnell in der Anwendung. Auch für das Entfernen von Zecken ist es wichtig, dass Ihr Welpe lernt, sich überall geduldig anfassen zu lassen.

Eine Hundebox kann sinnvoll sein, wenn der Welpe vorsichtig daran gewöhnt wird und gern dort hineingeht. So mancher kleine Vierbeiner betrachtet die Box als wohltuenden Rückzugsort. Aber auch für den Transport zum Tierarzt oder im Auto kann die Box genutzt werden.

Ein fester Toilettenplatz draußen ist sehr hilfreich. Wählen Sie einen Platz ohne große Ablenkung, an den Sie ab Einzug des neuen Hausgenossen immer gehen, wenn dieser ein kleines oder großes Geschäft verrichten muss. Gras ist der ideale Untergrund, zwei bis drei Quadratmeter sind als Größe ausreichend. Mehr zur Stubenreinheit auf Seite 39.

DAS WELPENZIMMER

Ich empfehle Ihnen, ein Welpenzimmer einzurichten. Das muss kein ganzer Raum sein, es reicht durchaus eine Ecke, zum Beispiel im Wohnzimmer. Wichtig ist, dass dieser Bereich abgetrennt ist, der Welpe aber die Möglichkeit hat, hinauszuschauen und zu beobachten, was sich um ihn herum tut. Dort kann sich der Kleine aufhalten, wenn Sie gerade keine Zeit haben, ihn im Blick zu haben. Und hier kann und soll er auch zur Ruhe kommen.

Ein Ort der Ruhe und Geborgenheit

Ein junger Hund ist ein reines Energiebündel, das weder Zimmerpflanzen noch Stehlampen als dekorative Einrichtungsgegenstände wertschätzt. Da werden schnell teure Schuhe als Kaumaterial entdeckt oder Gardinen und Vorhänge als Schaukeln missver-

Riecht das gut! Aber wie gelange ich wohl an das Futter? Mit diesem Spielzeug ist der kleine Vierbeiner in seinem Welpenzimmer eine ganze Weile beschäftigt.

standen. Die meisten Welpen haben ebenfalls einen Heidenspaß daran, zwischen Ihren Füßen herumzutoben. Doch wer seinen vierbeinigen Liebling ständig um sich hat, der riskiert in der Kennenlernzeit, die Nerven zu verlieren und die Beziehung zwischen sich und dem Hund zu trüben.

Ein Welpenzimmer entspannt die ersten Wochen, Sie und den Neuling. In seinem eigenen Bereich lernt der Hund seine erste Lektion, nämlich, dass er auch einmal nicht im Mittelpunkt steht und dass das für ihn durchaus ganz schön und entspannt ist. Es ist sein Ort des Rückzugs und der Ruhe. Der Aufenthalt im Welpenzimmer sollte übrigens nie mit Strafe, sondern immer mit einem positiven Erleben verknüpft werden.

Fertigelemente oder Eigenbau

Der Heimtiermarkt bietet natürlich abgestimmt auf Rasse und Größe des Hundes fertige Elemente, die das Einrichten eines Welpenzimmers leicht machen. Wer es ein wenig individueller mag und handwerklich geschickt ist, kann sich ohne viel Zeitaufwand etwas Eigenes bauen. Der Bereich soll zwar abgetrennt sein, dem Welpen aber dennoch das Gefühl vermitteln, am Familiengeschehen teilzunehmen.

Einrichtung des Welpenzimmers

Ihr kleiner Vierbeiner soll sich selbstverständlich gern in seinem »Zimmer« aufhalten. Deshalb gehört natürlich ein kuscheliger Liegeplatz wie ein Körbchen oder eine Matratze in diesen Bereich. Ein Wassernapf ist hier genauso zu finden wie ein welpengerechter Kauartikel, zum Beispiel ein Stück Kaffeeholz. Dieser Kaustab ist ein Naturprodukt. Er besteht aus dem Holz des Kaffeebaums und sorgt für eine lang anhaltende Beschäftigung. Und bitte bieten Sie Ihrem Welpen nicht einfach ein Stück Holz aus dem Wald zum Kauen an. Manches Holz splittert sehr leicht, und die Splitter können den Welpen im Maul verletzen.

ALLES FERTIG FÜR DAS NEUE FAMILIENMITGLIED

Alle Vorbereitungen für den Einzug des Welpen sind nun abgeschlossen, und er wird bald sein neues Zuhause kennenlernen. Wichtig ist, dass Sie für die Eingewöhnung des Kleinen genügend Zeit aufbringen. Berufstätige nehmen für diese sensible Phase am besten Urlaub. Wenn Sie und Ihre Partnerin oder Ihr Partner sich mit Urlaub in der Eingewöhnungszeit des kleinen Vierbeiners abwechseln könnten, wäre das natürlich ideal.

Der Alltag des Welpen soll zwar möglichst schnell an Ihren normalen Alltag angepasst werden. Aber er braucht auch Zeit, sich an Sie und die veränderten Umstände zu gewöhnen. Schließlich ist ja alles neu für ihn, und er hat auch die Trennung von Mutter und Geschwistern zu verarbeiten. Außerdem muss er das Alleinbleiben erst erlernen (→ Seite 174).

Ein toller Zeitvertreib ist solch ein Schnüffelteppich. Zwischen den Stoffstücken findet der Welpe Futter.

DIE ERSTEN GEMEINSAMEN STUNDEN

Ein aufregender Tag wartet auf Sie und Ihren neuen Begleiter. Der Welpe wird abgeholt und lernt sein neues Zuhause kennen. Und Sie möchten alles richtig machen, damit sich der Kleine von Anfang an wohlfühlt.

DER WELPE WIRD ABGEHOLT

Mein erster eigener Hund hieß Rocky. Und ich weiß noch heute, 17 Jahre später, ganz genau, dass ich ihn an seinem ersten Tag zu Hause den ganzen Abend gestreichelt habe. Was für ein Moment, der Einzug des neuen »Lebensgefährten«, an den sich so viele Erwartungen und Wünsche knüpfen!

Erstes Kennenlernen

Ein erster Bezug zwischen Ihnen und dem Hundebaby kann sogar schon vor dem Tag der Ankunft in seinem neuen Zuhause hergestellt werden. Eigentlich erlaubt jeder verantwortungsbewusste Züchter, dass Sie Ihren Welpen bereits vor dem »Umzug« ein paar Mal besuchen dürfen. Auch die meisten Tierheime wünschen sich, dass Hund und Halter sich vorher schon mal kennengelernt haben. Dabei können Sie Ihrem zukünftigen Mitbewohner eine Decke oder ein Kissen dalassen. So kann er etwas Vertrautes aus seiner Kinderstube mit in sein neues Zuhause nehmen und noch einige Tage vertraute Gerüche um sich spüren. Das vermittelt ihm Geborgenheit und gibt ihm ein Stück Sicherheit.

Auf der Fahrt nach Hause

In den meisten Fällen wird der Welpe mit dem Auto abgeholt. Manche Züchter haben das Autofahren bereits mit dem Welpen geübt. Doch häufig ist die Fahrt ins neue Leben die erste Autofahrt überhaupt im jungen Hundeleben.

- → Holen Sie den Welpen am besten zu zweit ab. Der Fahrer kann dann konzentriert Auto fahren, und die Begleitperson beaufsichtigt den Welpen. Oft wird der erste gemeinsame Weg mit Erbrochenem »verziert«. Vielen Welpen wird es nämlich bei Autofahrten schlecht. Schuld daran ist der unausgereifte Gleichgewichtssinn im Innenohr des kleinen Vierbeiners. Und wären Sie jetzt allein im Auto, könnte Sie das Erbrechen des Welpen erschrecken und Ihre Konzentration beeinträchtigen. Packen Sie deshalb vorsorglich ein paar Tüten und eine Rolle Küchenpapier ein.

Wird der Welpe mit dem Auto abgeholt und die Fahrt dauert länger als 45 Minuten, planen Sie eine Pause ein, damit der Kleine sich erleichtern kann.

- → Transportiert wird der Welpe am besten im Fußraum des Beifahrersitzes, oder er liegt neben der Begleitperson auf dem Rücksitz. Der Transport im Fußraum hat den Vorteil, dass der Welpe keiner Reizüberflutung durch vorbeihuschende Bilder ausgesetzt ist. Wichtig: Den Welpen mit Geschirr und Leine so sichern, dass er unter keinen Umständen zum Fahrer kann (→ Seite 51).
- → Nach einer Dreiviertelstunde braucht die Reisegruppe eine Pause. Suchen Sie eine ruhige Ecke auf und lassen Sie den angeleinten Hund einen Moment auf einem Stück Wiese laufen, damit er sein Geschäft verrichten kann.
- → Schläft der Welpe entspannt, brauchen Sie ihn nicht für eine Pause zu wecken. Ist er hingegen unruhig, halten Sie an – auch wenn es nur noch zehn Minuten bis nach Hause sind.

Vielleicht haben Sie sich für Ihren Hund entschieden, weil er Ihnen schon im Wurf aufgefallen ist und seine Art und Weise gleich Ihr Herz berührt hat. Wenn Sie ihn bereits ein wenig einzuschätzen wissen, können Sie ein paar Rückschlüsse auf die ersten gemeinsamen Stunden ziehen.

Der Draufgänger wird zunächst das Auto inspizieren wollen. **Der Sensible** möchte sich verstecken und könnte sogar ängstlich fiepen. Je ruhiger und gelassener Sie sind, umso mehr Sicherheit strahlen Sie auf den Welpen aus - gerade der Sensible braucht Sie nun zum ersten Mal als starke Führungsperson. **Der Gemütliche** nutzt die Heimfahrt für ein Nickerchen. **Und der Sturkopf**, der wird stoisch im Fußraum hocken oder auf dem Rücksitz neben dem Menschen ausharren. Und hier erleben Sie Ihre erste Lektion: Hunde sind einzigartige Wesen, jedes mit seinen eigenen Macken und vor allem individuellen Stärken.

Himmlich, dieses Plätzchen zum Relaxen - so weich und warm! Wenn Frauchen oder Herrchen ihn jetzt noch ein wenig kraulen würden, wäre das Glück perfekt.

DIE ANKUNFT IM NEUEN ZUHAUSE

Es ist so verlockend. Alles ist vorbereitet. Das Körbchen ist da und wartet seit Tagen oder Wochen auf diesen Moment. Ich rate Ihnen trotzdem, nicht sofort ins Haus zu gehen und dem Welpen sein neues Zuhause zu zeigen. Manche junge Hundeeltern laden sogar zum Empfang die ganze Familie ein, schließlich soll der Hund ein echtes Mitglied sein und sie alle sein neues Rudel.

Kein Empfangskomitee

Aus Hundeperspektive allerdings muss das Ankommen langsam vonstattengehen, und vor allem sollte keinesfalls ein Empfangskomitee für den kleinen Vierbeiner bereitstehen. Für den Welpen riecht alles fremd. Das Haus, der Garten - noch nie gesehen, noch nie durch die Nase erlebt. Ich rate Ihnen, lassen Sie sich Zeit, bevor Sie mit ihm ins Haus oder in die Wohnung gehen. Lassen Sie den Welpen erkunden, sehen, schnuppern, begreifen. Alles neu. Zeigen Sie ihm seinen zukünftigen Toilettenplatz. Warten Sie hier geduldig, ob der Kleine noch mal muss, bevor es ins Haus oder die Wohnung geht.

Wie reagiert der Welpe?

Nachdem Sie die Tür aufgeschlossen haben, können Sie das Wesen Ihres Welpen weiter kennenlernen. Wer ist Ihr neuer Gefährte? **Ein Draufgänger** geht zielstrebig über die Schwelle und erkundet ziemlich selbstbewusst sein neues Territorium. Alles meins! **Einem sensiblen Hund** macht allein das Betreten großen Eindruck, und er möchte lieber draußen bleiben. Hier gilt es, ein besonderes Augenmerk auf Hunde zu legen, die aus Tierschutzprogrammen vermittelt wurden: Sie haben vielleicht noch nie ein Gebäude betreten. Eine Türschwelle stellt für diese Vierbeiner möglicherweise ein emotional unüberwindbares Hindernis dar. **Auch der Sture** könnte vor der Tür bockig werden. Da rein? Nicht mit mir, mir ging es bisher doch auch ohne dieses Haus gut. **Der Gemütliche** kommt meist widerstandslos mit. Okay, wird schon. Wo ist denn hier ein hübsches, kuscheliges Plätzchen?

Egal, wie der Welpe reagiert, bringen Sie ihn in sein Welpenzimmer, wo Wasser und etwas zum Fressen auf ihn warten (→ Seite 30). Ich finde es schön, wenn Sie als neuer Besitzer dort auch erst einmal eine Weile mit ihm zusammenbleiben. Hallo, hier lebst du jetzt. Und das ist auch mein Zuhause. Von nun an gehören wir zusammen. Sie können Ihrem kleinen Liebling Gesellschaft leisten, mit ihm schmusen und ihn kraulen. Sie sind jetzt die neue Bezugsperson Ihres Welpen und müssen sich als »sicherer Fels in der Brandung« für ihn erweisen.

Falls der kleine Vierbeiner nicht sofort einschläft, gehen Sie zeitnah mit ihm vor die Tür, zu seinem Toilettenplatz, an dem er in Zukunft sein kleines und großes Geschäft machen soll. Ist der Welpe dagegen eingeschlafen, dann steht der erste »Pipi-Gang« direkt nach dem Aufwachen an. Nach der ersten Ruhephase können Sie mit dem Hund das Haus erkunden. Die Küche, das Wohnzimmer, der Welpe kann nach und nach die Räume entdecken, Gerüche aufnehmen, nach Geräuschen horchen. Der erste gemeinsame Gang durchs Haus ist übrigens eine super Probe, wie welpensicher Ihr Zuhause tatsächlich ist. Haben Sie wirklich alles hochgestellt? Schaut nicht doch noch irgendwo ein Kabel zum Knabbern heraus? Mit dem Welpen an Ihrer Seite fällt es viel leichter, die Hundeperspektive einzunehmen, um später noch die letzten Gefahren zu beseitigen (→ Gut zu wissen, unten).

Der erste Tag steht ganz unter der Überschrift Ruhe und Kennenlernen, wobei gerade Zweites für mutigere Welpen auch ein kleines Spiel sein darf. Seien Sie locker und offen, lassen Sie den Hund je nach Gemütslage schlafen oder spielen. An diesem ersten, aufregenden Tag sollten Sie keine Spaziergänge planen, eigentlich gar nichts außer: in Ruhe ankommen. Das ist übrigens nicht nur für den Hund wichtig. Auch Sie selbst haben eine Menge Aufregung hinter sich. Herzlichen Glückwunsch, Sie sind gemeinsam angekommen!

Nicht jeder möchte, dass der Hund auf das Sofa hüpft. Entscheiden Sie früh, was für Sie okay ist und was nicht. Das macht es Ihnen und dem Welpen leichter.

GUT ZU WISSEN

Das Welpenzimmer wird Ihnen in vielen Situationen gute Dienste leisten. Wenn Sie den Welpen einmal nicht beaufsichtigen können, ist er hier sicher und gemütlich untergebracht.

GEFAHRENQUELLEN BESEITIGEN

Dennoch soll und darf sich der Hund natürlich nicht dauerhaft nur in diesem begrenzten Raum aufhalten. Er muss am Familienleben teilhaben und sich in allen Zimmern wohlfühlen dürfen. Deshalb sollten Sie vor dem Einzug des Welpen einen kritischen Rundgang durch Ihr Zuhause machen. Schauen Sie sich um und überlegen Sie, wo Gefahren für einen kleinen neugierigen Hund lauern könnten.

Das Wichtigste ist es, alle Steckdosen in Reichweite des Welpen mit Kindersicherungen zu versehen. Und frei liegende Kabel müssen unbedingt so gesichert sein, dass spitze Welpenzähne sich erst gar nicht daran ausprobieren können. Auch Pflanzen sollten Sie so sichern, dass der Welpe nicht in Versuchung kommt, daran zu knabbern (→ Gefahren für den Welpen, Seite 87).

WAS IHNEN LIEB UND WERT IST

Natürlich kann Ihr Welpe nicht verstehen, dass er gerade Ihre teure Vase in Scherben gelegt hat. Liegen Ihnen also Schuhe oder bestimmte Dekoartikel besonders am Herzen, dann verbannen Sie sie in der ersten Zeit aus der Reichweite des Hundekindes. Denken Sie auch daran, dass der Welpe zunächst nicht weiß, an welcher Stelle er sich erleichtern darf. Da kann der teure, kuschelige Perserteppich durchaus einmal mit einem weichen Stück Wiese verwechselt werden.

Tatsächlich ist es mir nicht möglich, Sie auf jedes mögliche Szenario vorzubereiten. Ihrem Welpen wird gewiss eine Menge Unsinn einfallen. Also haben Sie besonders in den ersten Tagen einen wachen Blick auf den kleinen Racker, um doch noch schnell in Sachen Welpensicherheit nachzubessern.

DIE ERSTE NACHT

Wussten Sie, wie anstrengend und mitunter fordernd so ein Welpe ist? Den meisten Menschen, die von einem Hund träumen, ahnen das wohl nicht. Die bittere Wahrheit ist, der Welpe muss auch nachts raus, wenn er schnell stubenrein werden soll. Seien Sie getröstet, Hundekinder werden schneller groß als Menschenkinder. Mein ultimativer Tipp heißt übrigens, vorausgesetzt, die Lebensumstände ermöglichen das: Schichtdienst. Wer sich abwechselnd kümmert, ist wacher und kann so den neuen Mitbewohner bestimmt doppelt genießen.

Den Welpen nachts nicht allein lassen

Die erste Nacht im neuen Zuhause ist gut geplant leichter zu bewältigen. Soll der Hund ohnehin in Ihrem Schlafzimmer seinen Platz finden? Dann stellen Sie sein Körbchen oder seine Box direkt an Ihr Bett. Das hat den Vorteil, dass Sie ohne großen Aufwand nur durch das Hineinhalten Ihrer Hand dem Welpen Sicherheit signalisieren können. Wenn der zukünftige Platz Ihres Vierbeiners allerdings im Wohnzimmer ist, sollte er auch direkt dort die erste Nacht verbringen – und Sie mit ihm.

Lassen Sie den Welpen in den ersten Nächten nicht allein. Vom Sofa oder der Isomatte aus signalisieren Sie ihm: Keine Angst, ich bin ja da. Verstehen Sie die Eingewöhnungszeit als Abenteuer. So wie erwiesenermaßen ein Campingurlaub Menschen zusammenschweißt, schaffen Sie hier die ersten zarten Wurzeln einer hoffentlich lange währenden Bindung.

Ein aufregender Tag geht zu Ende

Kurz vor dem Einschlafen bringen Sie den Welpen noch einmal zum Toilettenplatz, dann geht's ins jeweilige Bett. Was für ein aufregender Tag liegt hinter Ihrem vierbeinigen Liebling, und die erste Dunkelheit, die er ohne die Nähe von Mutter und Geschwistern verbringen muss, gehört zu seinen eindrucksvollsten Erfahrungen. Auch hier reagiert jeder Charakter anders. **Der Sensible** wird sich einsam fühlen und vielleicht fiepen. **Der Draufgänger** jault möglicherweise, da aus seiner Sicht noch keine Schlafenszeit ist und er noch mehr erleben möchte. **Der Gemütliche** wird in der Regel sofort einschlafen. **Und der Sture** hat einfach Ausdauer. Entweder jault er laut und anhaltend, oder er fühlt sich wohl,

Neugierig erkundet der kleine Cavalier King Charles Spaniel sein neues Zuhause. Noch ist alles ungewohnt und riecht fremd, doch das wird sich bald ändern.

Legen Sie von Anfang an einen Toilettenplatz für Ihren Welpen fest, an den Sie ihn regelmäßig bringen. Ideal ist ein Stück Wiese im eingezäunten Garten. Wer diese Möglichkeit nicht hat, sollte den Welpen stets mit Geschirr und Leine nach draußen bringen.

kuschelt sich in sein Körbchen und schläft sofort. Aber sei es, wie es sei, da sind Sie, der neue Gefährte, der für Sicherheit und Nähe steht.

Ein weiterer Vorteil der gemeinsamen Übernachtung ist, dass Sie merken, wenn der Welpe »Pipi« muss. Dann heißt es schnell sein, den kleinen Vierbeiner auf den Arm nehmen und zu seinem Toilettenplatz bringen. Danach geht's übrigens direkt zurück ins Bett beziehungsweise Körbchen. Es ist Nacht und damit Ruhezeit. Prägen Sie den Hund auf den gewünschten Rhythmus. Spaß und Spiel wären jetzt ein völlig falsches Zeichen.

Die Nacht ist kurz

Hand aufs Herz, die erste Nacht wird wahrscheinlich unruhig gewesen sein. Es ist für alle Beteiligten eine ungewohnte Situation. Möglicherweise sind Sie auch selbst noch aufgeregt von den Tageserlebnissen, sodass Sie ohnehin nicht schlafen können. Die erste Nacht – sie endet meist gegen 5.30 Uhr. Und Sie fragen sich vielleicht zu dieser frühen Stunde: »Oh mein Gott, war das mit dem Hund wirklich so eine gute Idee?« Denken Sie gar nicht lange darüber nach, das lohnt nicht. Denn da sitzt er auch schon, Ihr Welpe, aufrecht, hellwach, egal, wie früh es ist. Und mit einer sehr vollen Blase. Also schnell raus aus dem Welpenzimmer oder der Hundebox, je nachdem, wo er die Nacht verbracht hat.

Bringen Sie den Hund zu der Toilettenstelle, die Sie sich ja schon vorher überlegt haben, sodass er sofort sein Geschäft erledigen kann. Dieses schnelle Aufbrechen ist keine Gängelei, sondern lohnt sich wirklich. Zum einen, um Ihren Fußboden zu schonen. Und zum anderen, um direkt gute Gewohnheiten aufzubauen und einen Rhythmus fest im Alltag zu etablieren. Nach diesem kurzen Gang an die frische Luft geht es schon zurück ins Haus.

Sie können jetzt ein wenig mit dem Hund spielen, bis er dann sein heiß ersehntes Frühstück bekommt. Danach sollte eine Ruhephase folgen. Trinken Sie einen großen Kaffee oder eine wohltuende Tasse Tee. Die Müdigkeit geht vorbei, der Spaß kommt. Versprochen.

SO WIRD DER WELPE STUBENREIN

»Entschuldigung, ich muss mal ...« Das kann der Welpe nicht sagen. Und er verrichtet genau an der Stelle sein Geschäft, wo er sich freut, er Angst hat oder gerade einen Drang verspürt. Haben Sie eigentlich genug Küchenpapierrollen gekauft? Wie sehr Welpenbesitzer die Verdauung ihrer Lieblinge beschäftigt, zeigt der Blick auf den Haustiermarkt.

Ein Welpe in Windeln ist mir zum Glück noch nicht begegnet, dafür aber sogenannte Toilettenmatten aller Art. Sie sollen den Hund dazu anleiten, nur auf dieser Unterlage, die im Übrigen mit Lockstoffen (Pheromonen) präpariert ist, seine kleinen und großen Geschäfte in der Wohnung zu erledigen. Aber wer will das auf Dauer schon? Abgesehen davon, dass diese Matten auch recht teuer sind. Lassen Sie uns deshalb lieber in Ruhe über die kleinen und großen Geschäfte Ihres Welpen sprechen.

Prägung auf den Untergrund

Welpen müssen oft. Wie oft, hängt zum Beispiel von der Rasse und der Psyche des Welpen ab. Aber wenn Sie dieses wichtige Kapitel im Griff haben, ist es gar kein großes Thema mehr. Sie müssen jedoch wissen, dass der Welpe von Beginn seiner Toilettengänge an sofort auf den Untergrund geprägt wird, auf dem er sich erleichtern soll. Das kann der Steinboden sein, der weiche Teppich, aber im besten Fall ist es natürlich die Wiese. Wurde der Welpe etwa vom Züchter bereits zur Stubenreinheit angeleitet, kennt er Wiese oder Erde als Toilettenplatz für das Geschäft. Hat er sich vorher jedoch meist nur auf einer Betonfläche aufgehalten und gelöst, präferiert er nun – leider – den Bürgersteig.

Ein fester Toilettenplatz draußen

Bevor der Welpe bei Ihnen einzieht, haben Sie bereits einen Toilettenplatz nahe Ihrem Zuhause bestimmt. Allen Gartenbesitzern empfehle ich, auch wenn der Hund sich langfristig dort nicht erleichtern soll, auf dem eigenen Grundstück zu starten. Nachts im Bademantel mit dem Hund hinausgehen zu können, ohne sich anziehen zu müssen, das ist schon mal ein großer Vorteil. Wenn Sie in einer Wohnung leben und womöglich mit dem Aufzug nach unten fahren müssen, dann ist die Sache mit der Stubenreinheit natürlich etwas aufwendiger für Sie.

Haben Sie Geduld

Zum ersten Mal waren Sie direkt nach der Ankunft des Welpen mit ihm an seinem Toilettenplatz. Von nun an ist dieser Ort immer das Ziel, wenn sich ein kleines oder großes Geschäft ankündigt. Je öfter der Hund sich hier löst, desto schneller wird er diesen Platz mit seinem Toilettengang assoziieren. Sehr häufig werden Sie meinen, es kündigt sich etwas an, und dann, am Löseplatz angekommen, hat der Welpe sein Geschäft vergessen. **Der Draufgänger** jagt einen Schmetterling, und **der Sensible** hört – oh Schreck – einen lauten Müllwagen. **Der Gemütliche** setzt sich zwar hin, sinniert aber zuerst mal über die Welt. **Der Sture** überrascht Sie vielleicht und macht sofort sein Geschäft.

Lösen auf Kommando

Nehmen Sie den Hund an die Trainingsleine und lassen Sie ihm ein bisschen Zeit. Wenn er schließlich sein Geschäft verrichtet hat, belohnen Sie ihn mit einem Leckerchen. In meinen Trainings hat es sich als praktisch erwiesen, das Sich-Lösen mit einem Kommando zu verknüpfen. Sobald der Welpe in die Hockposition geht, sagen Sie Ihren Satz, zum Beispiel »Mach was«. Belohnen Sie den erfolgreichen Welpen direkt im Anschluss. Mit Hunden, die in der Lage sind, auf Kommando ihr Geschäft zu machen, haben es deren Halter beispielsweise auf Reisen besonders leicht.

Einhalten funktioniert noch nicht

Bestimmt geben Sie sich viel Mühe, damit Ihr Kleiner schnell stubenrein wird. Und trotzdem werden Sie in der Welpenzeit das eine oder andere Bächlein oder Häufchen im Haus wegwischen müssen. Welpen können Blase und Darm noch nicht kontrollieren. Wenn sie merken, sie müssen, läuft es auch schon. Insbesondere dann, wenn sie zum Beispiel im Spiel

Nach jedem Schläfchen drückt die Blase. Bringen Sie Ihren Welpen dann konsequent zu seinem Toilettenplatz.

Rennen und Herumtollen sind für den Welpen wichtig. Aber anschließend muss er wieder zur Ruhe kommen und seine aufregenden Erlebnisse verarbeiten.

sehr abgelenkt sind. Auch das Verständnis, dass Haus oder Wohnung kein geeigneter Ort zum Entleeren sind, muss erst wachsen. Rein biologisch ist der Hund erst ab der 20. Woche in der Lage einzuhalten. Und auch danach geht's ab und zu noch einmal schief.

Pfützen und Häufchen kommentarlos beseitigen

Hockt der Welpe sich im Haus hin, nehmen Sie ihn ohne große Aufregung hoch und tragen ihn nach draußen. Finden Sie eine Pfütze oder ein Häufchen im Haus, wischen Sie es kommentarlos weg. Desinfizieren Sie die Stelle, damit sie sich gar nicht erst in der Nase Ihres Welpen als Hundeklo etabliert. Er könnte diesen Platz sonst mögen.

Scheint Ihr Welpe bei Ihnen zu Hause die Sache mit der Stubenreinheit begriffen zu haben, verlassen Sie sich nicht darauf, wenn Sie den Kleinen mit zu Freunden oder Verwandten nehmen. Hunde sind sehr schlecht im Generalisieren. Dass man einen Hund zur Strafe mit der Nase in sein am falschen Ort abgelegtes Geschäft drückt, stammt aus der Zeit, als man auch Kinder noch mit Schlägen züchtigte. Vergessen Sie das!

Woran Sie erkennen, dass Ihr Welpe mal muss

Das kleine und große Geschäft ist wohl der Punkt, bei dem die meisten jungen Hundebesitzer den größten Ehrgeiz haben, ihren Hund schnellstmöglich lesen zu lernen. Verständlich. Denn das Aufwischen und Saubermachen ist wirklich lästig. Und ist der Hund einmal stubenrein, fühlen sich Hund und Mensch im neuen gemeinsamen Leben erst richtig angekommen. Das Schöne ist, zu erkennen, wann der Hund mal muss, ist gar nicht mal so schwer. Denn es gibt gewisse Zeitpunkte, da muss Ihr Welpe sich ziemlich sicher erleichtern.

Nach dem Fressen, dem Trinken, dem Spielen und Schlafen muss der Hund mal raus. Diese Zeitfenster sind zwischen einer und zwanzig Minuten groß, das ist von Welpe zu Welpe ganz unterschiedlich. Beobachten Sie den Hund in diesen Situationen ganz genau, denn es gibt eindeutige Indizien. Hunde, die ein kleines oder großes Geschäft verrichten müssen, sind unruhig, tigern durch die Wohnung oder schnüffeln nach einer geeigneten Stelle. Ein klares Zeichen ist, wenn der Hund sich im Kreis dreht – dann ist es meist sogar schon zu spät.

Hunde, die den Ablauf zu Hause schon kennen, gehen oft zur Tür. Deutlicher kann ein »Ich muss mal« nicht sein. Es gibt sogar Hunde, die an der Tür kratzen. Was für eine genial gelungene Kommunikation zwischen zwei unterschiedlichen Spezies, oder?
Ich rate Ihnen, Ihren Welpen genau zu beobachten. Lernen Sie, seine Anzeichen zu lesen, und strecken Sie nach und nach die Abstände zwischen den Toilettengängen ein wenig mehr. So lernen Sie Ihren Hund kennen, rennen nicht andauernd raus in den Regen – und der Gebrauch von Küchenrollen wird mit der Zeit auch weniger.

MEIN TIPP

Wenn sich der Welpe in der Wohnung löst, wischt man schnell das Bächlein weg. Alles wieder sauber, denken wir. Der Hund, dessen stärkstes Sinnesorgan die Nase ist, riecht allerdings eventuell auch auf dem gereinigten Teppich trotzdem noch seinen eigenen Urin – und wird so verleitet, genau diese Stelle wieder für die nächste Pfütze anzusteuern. Deshalb empfehle ich Ihnen, für die Welpenzeit eine Flasche Desinfektionsmittel aus dem Tierfachhandel zu kaufen. Denn das säubert und beseitigt auch die feinste Duftnote.

RUHE UND ENTSPANNUNG SIND FÜR KLEINE VIERBEINER ENORM WICHTIG

Kein Thema in der Hundeerziehung irritiert so wie das der Ruhe und Entspannung. Die meisten Hundehalter sind – zum Glück – voll motiviert und wollen sofort in jeder freien Minute mit ihrem vierbeinigen Liebling loslegen und trainieren. Dabei wird häufig nicht daran gedacht, dass ein Hundekind – je nach Rasse und Charakter – bis zu 22 Stunden Schlaf am Tag braucht.

Den Welpen »herunterfahren«

Ihr neuer bester Kumpel ist im Moment ja schließlich noch ein Baby. Das dürfen Sie vor lauter Liebe und Begeisterung nicht vergessen. Und auch erwachsene Hunde haben ein deutlich höheres Schlafbedürfnis, als den meisten Hundehaltern bewusst ist. Gerade Neubesitzer von Hüte- und Jagdhunderassen haben oft Sorge, dass sie ihren Welpen nicht genügend auslasten und ihm zu wenig Anreize bieten. Oft ist jedoch das Gegenteil der Fall.

Überreizen Sie Ihren vierbeinigen Liebling nämlich, wird er sich an den Trubel und die permanente Ansprache gewöhnen und dies auch in Zukunft einfordern. Ihn »herunterzufahren«, wird dann zu einem schwierigen Unterfangen. Ich sage immer, den »An-Schalter« bekommt man beim Welpen direkt mitgeliefert. Den »Aus-Schalter« müssen Sie jedoch selbst installieren. Dass der Hund zur Ruhe kommt und sich entspannt, ist ungleich schwerer zu erreichen, als ihn zum Mitmachen zu animieren. Das Abschalten ist jedoch elementar wichtig für eine perfekte Hundeerziehung. Achten Sie also unbedingt darauf, dass der Hund genug Zeit bekommt, sich auszuruhen. Der Gewinn: ein ausgeglichener Hund – und ein zufriedener Besitzer.

Der ungestörte Rückzugsort

In den Ruhephasen sollte der Welpe keinesfalls zum Spielen aufgefordert werden. Gerade in Haushalten mit Kindern geht der Alltag meist mit Lärm und Trubel einher. Hier muss der Welpe unbedingt die Möglichkeit haben, sich von all dem aufregenden bunten Familienleben zurückziehen zu können.

Kindern, die mit einem Hund zusammenleben, sollten Sie eindringlich erklären, dass der kuschelige tierische Mitbewohner ein Lebewesen mit ganz eigenen Bedürfnissen ist. Auch hier leistet das Welpenzimmer unschätzbare Hilfe (→ Seite 30). Der junge Hund lernt seinen abgetrennten Bereich von

1. Wenn Sie Ruhe ausstrahlen, wird auch der Hund gelassener.

2. Durch einen Tritt auf die Trainingsleine signalisieren Sie dem Welpen, dass er an Ihrer Seite zur Ruhe kommen soll.

Hallo? Seht ihr mich? Die Welt der Menschen ist spannend, turbulent und voller seltsamer Hindernisse. Das muss ich alles genauer untersuchen.

Anfang an als seinen Rückzugsort kennen und schätzen. Und auch Kinder können diese sichtbare Grenze gut begreifen und respektieren. Hat der Welpe verinnerlicht, dass er in »seinem Zimmer« ungestört entspannen kann, wird er es ganz von allein aufsuchen. Ist er dagegen fit und abenteuerlustig, darf er natürlich auch außerhalb seines abgetrennten Bereichs am Familienleben teilhaben.

Entspannung unterwegs

Ausreichende Ruhe- und Entspannungsphasen sind also ein wichtiger Bestandteil im Tagesablauf eines Welpen. Dies gilt im Übrigen auch, wenn Sie draußen mit ihm unterwegs sind. Natürlich darf der kleine Vierbeiner dann rennen, Spaß haben, wild sein. Dennoch wird es immer wieder Situationen geben, bei denen Sie froh sind, wenn der Hund sich zwischendurch ausruhen und entspannen kann. Ein Gespräch mit der Nachbarin zum Beispiel oder ein Besuch im Biergarten mit Hund kann so statt Stress pur zum entspannten Freizeitmoment für Sie und Ihren vierbeinigen Liebling werden.

GUT ZU WISSEN

In den eigenen vier Wänden fällt es uns oft leichter, entspannt zu sein. Dann darf der Vierbeiner in seinem Welpenzimmer vor sich hin dösen, und auch wir Menschen genießen die Ruhe: Endlich eine kurze Pause für gestresste Hundeeltern!

DEN WELPEN NICHT ÜBERFORDERN

Geht es raus zum Training oder zum Spaziergang, meinen viele Hundhalter, sie müssten ihren Vierbeiner nonstop beschäftigen. Lass uns spielen, schau mal dort, schau mal hier, fang das Leckerchen! Dies und die vielen Reize, die die Umgebung sowieso schon bietet, ist in der Summe oft zu viel für einen kleinen Hund. Doch vor allem prägt sich beim Welpen eines ein: An der frischen Luft muss ich immer auf Zack sein. Entsprechend angespannt ist der Vierbeiner. Dabei lohnt es sich für das gesamte Hundeleben, dem Welpen von klein auf auch draußen Ruhemomente zu ermöglichen. Zusammen spielen, das gehört natürlich dazu und ist auch förderlich, aber die gesunde Mischung macht's. Um die Entspannung des Welpen draußen zu unterstützen, sollten Sie auf Ihren Runden und auch beim Training einfach ab und zu einen Moment innehalten. Setzen Sie sich auf eine Bank oder bleiben Sie ein paar Minuten stehen. Beobachten Sie den Hund. Entspannt er sichtlich, wird dieses Gefühl mit einer kleinen Belohnung unterstrichen.

IN DER RUHE LIEGT DIE KRAFT

Gelingt es dem Vierbeiner, schnell zur Ruhe zu kommen, spricht nichts dagegen, das nächste Mal einen Ort anzusteuern, an dem noch mehr Reize locken. Belohnen Sie den Kleinen immer wieder, wenn er trotz des unruhigen Umfelds in seiner Mitte bleibt. Gelassenheit ist eine Eigenschaft, die dem Hund und Ihnen in Zukunft oft zugutekommen wird. Denn wer entspannt durchs Leben geht, der ist auch stressresistenter und glücklicher unterwegs.

Entspannung trainieren

Achten Sie also unbedingt darauf, dass der Hund genug Zeit bekommt, sich auszuruhen. Um den Vierbeiner an ruhigere Momente – auch draußen – zu gewöhnen, eignet sich die sogenannte Ruheübung. Mit diesem Training können Sie zu Hause oder in einer reizarmen Umgebung beginnen.

→ Der Hund trägt Geschirr und Leine. Sie stellen sich so mit dem Fuß auf die Leine, dass der Welpe möglichst wenig Bewegungsfreiheit hat und sich auf Sie konzentriert (→ Foto, Seite 41). Der Fuß auf der Leine soll später für den Hund ein Entspannungssignal werden. Würde man dagegen die Leine in der Hand halten, bewegt man sich automatisch immer mit, wenn der Welpe einen gewissen Handlungsspielraum hat. Dieses Verhalten Ihrerseits wertet der Welpe als Erfolgserlebenis und könnte sich nicht entspannen.
→ Legt sich der Welpe hin, belohnen Sie sein »braves« Verhalten. Achten Sie darauf, ihn jetzt ruhig zu belohnen und ihn nicht überschwänglich zu loben. Dies hätte nämlich zur Folge, dass der Kleine sofort wieder aufgeregt und aufgedreht wäre.
→ Klappt die Übung zuverlässig, wechseln Sie den Ort und erhöhen den Grad der Ablenkung.

Eine weitere Form, seinen Welpen zu entspannen, kann ein bestimmtes Wort sein, das man gezielt etabliert. Sozusagen Entspannung auf Kommando. Diese Übung beginnen Sie auf dem heimischen Teppichboden, wenn zunächst einmal keine Ablenkung vorhanden und der Welpe müde ist.

→ Sie holen Ihren Kleinen zu sich und beginnen, ihn mit langen, langsamen Bewegungen zu streicheln. Stimmen die Voraussetzungen, wird der Welpe sich früher oder später entspannen. Er gibt sich den streichelnden Händen hin.
→ In diese Entspannung hinein sagen Sie ein lang gezogenes, ruhig ausgesprochenes Wort, zum Beispiel »Entspann dich« oder »Ruuhe«. Diese Übung muss viele Male wiederholt werden, der Welpe muss das Signal immer wieder hören, damit er es mit dem Zustand der Ruhe verknüpft. Sie werden aber merken, dass der Punkt der Entspannung bei Ihrem Welpen immer schneller kommt.
→ Versuchen Sie, dieses Ritual in verschiedenen Räumen zu wiederholen. Steigern Sie ganz langsam die Ablenkung. Setzen Sie sich nicht mehr mit dem Hund hin, sondern versuchen Sie, das Streicheln Stück für Stück abzubauen. Das Ziel ist, dass Ihr Welpe sich auch in aufregenden Situationen nur auf das Wort hin entspannt. Das braucht etwas Zeit, ist aber durchaus lohnenswert.

Die Welt zu entdecken, ist ganz schön anstrengend. Welpen schlafen tief und fest ein – und das manchmal an den lustigsten Orten.

Wenn Sie das Wort draußen auch bei höherer Ablenkung benutzen können und der Hund sich in bestimmten Situationen tatsächlich beruhigt, sind Sie noch nicht ganz fertig. Sie müssen die Übung von Zeit zu Zeit immer mal wieder zu Hause mit Streicheln und ohne Ablenkung wiederholen, damit der Hund es dauerhaft mit Entspannung verknüpft.

Natürlich ist die Erziehung zur Ruhe auch eine Frage des Charakters. **Einem Draufgänger** fallen solche Übungen natürlich besonders schwer. Aber gerade er braucht Erziehung zur Ruhe. Gerade er muss sich in Alltagssituationen zurücknehmen können. **Dem Gemütlichen** fällt es hingegen leicht, da er selten in Stress gerät und gern liegt. Bei ihm wird es insgesamt weniger Wiederholungen brauchen, da er ohnehin ein entspanntes Gemüt besitzt. **Dem Sensiblen** hilft eine solche Übung, nicht allzu sehr in Stress zu geraten. Sie signalisieren ihm damit auch: Alles in Ordnung, ich hab die Dinge im Griff! **Der Sturkopf** wird sich auch an dieser Stelle fragen, ob es nicht doch sinnvoller ist, aufgeregt eine Situation zu erkunden. Wie gut die Ruheübung oder auch das Entspannungswort funktionieren, hängt bei ihm klar von den Umständen ab.
Noch einmal, weil es so wichtig ist: An erster Stelle steht die Erziehung zur Ruhe und Entspannung. Von Anfang an sollte Ihr Welpe eine geringe Erwartungshaltung innerhalb Ihrer vier Wände haben!

DER DRAUFGÄNGER

DIE GESCHICHTE VON LUNA

Ein schönes Beispiel für eine Draufgängerin ist Luna, eine Französische Bulldogge, 14 Wochen alt. Sie erkundet forsch ihre Umgebung. Luna hat vor nichts Angst, rennt auf alles und jeden los und fragt: »Was kostet die Welt?« Ihre Besitzerin fängt sie ständig ein und versucht, Luna nicht in missliche Lagen kommen zu lassen. Kein Hund ist zu groß für Luna, keine Mauer zu hoch, kein Teich zu tief. Alles muss untersucht und angeknabbert werden. Luna lässt sich leicht von allem ablenken, weshalb sie sich nicht lange konzentrieren kann. Sie ist sehr unabhängig und liegt zu Hause am liebsten allein in ihrem Körbchen – es sei denn, es klingelt. Dann rast sie sofort hellwach zur Tür, denn der Besuch kommt ja bestimmt zu ihr. Wie ein kleiner Flummi springt sie dann an den Besuchern hoch und beruhigt sich nur langsam.

EIN TAG MIT LUNA

5.50 Uhr: Was für eine ruhige Nacht. Luna hat tatsächlich durchgeschlafen! Nun sitzt sie erwartungsvoll in ihrem Welpenzimmer.

5.55 Uhr: Ich nehme sie hoch und bringe sie auf ihren Toilettenplatz. Sie macht ein kleines Geschäft und etwas später ein großes Geschäft.

6.10 Uhr: Luna bekommt ihr Frühstück.

6.15 Uhr: Ich bringe sie ins Welpenzimmer, und wir schmusen ein wenig. Luna schläft noch einmal ein. Und ich bin ein bisschen neidisch.

6.45 Uhr: Nachdem Luna wach geworden ist, gehen wir mit Geschirr und Trainingsleine eine Runde ums Haus.

7.10 Uhr: Zurück im Haus, geht Luna auf Entdeckungstour. Ich beobachte sie vom Sofa aus. Schließlich kuschelt sie sich an meine Füße und schläft ein. Ich gehe duschen.

8.00 Uhr: Nachdem Luna aufgewacht ist, bringe ich sie zum Toilettenplatz nach draußen. Danach toben wir im Wohnzimmer und zerren gemeinsam an einem Spielzeug.

8.20 Uhr: Luna geht in ihr »Zimmer« und rollt sich zum Schlafen zusammen. Immer wieder verlasse ich den Raum und komme wieder. Luna schläft weiter.
10.10 Uhr: Luna wacht auf, schnell vor die Tür.
10.50 Uhr: Ein Ausflug mit dem Auto steht auf dem Programm, Ich bin mit einer Freundin und deren Pferd verabredet. Wie Luna wohl reagieren wird? Ich nehme Luna auf den Arm, das Pferd schnuppert. Luna schnappt nach der dicken Pferdenase.
12.15 Uhr: Ich habe Luna noch im Auto gefüttert. Die Rückfahrt verläuft ruhig.
12.45 Uhr: Wir suchen den Toilettenplatz auf.
12.55 Uhr: Wieder im Haus, tapst Luna in ihr Zimmer, fällt um und schläft sofort ein. Ich beobachte, wie ihre Läufe im Schlaf zittern. Sie fiept im Traum.
15.00 Uhr: Luna gähnt und streckt sich genüsslich. Ich bringe sie zu ihrem Toilettenplatz.
15.15 Uhr: Ich spiele ein wenig mit Luna. Danach schläft sie ein.
16.00 Uhr: Ich habe verpasst, dass sie wach wird. Eine abenteuerlustige Luna – und ein Bächlein warten im Welpenzimmer auf mich.
16.05 Uhr: Luna und ich machen einen kleinen Spaziergang. Ich lasse sie auf einem niedrigen Baumstamm balancieren. Dann setze ich mich auf eine Bank. Luna beobachtet gespannt das Treiben von Joggern, Fahrradfahrern und Spaziergängern.
16.30 Uhr: Zu Hause zurück, macht sich Luna an den Vorhängen zu schaffen. Ich nehme sie sofort dort weg und gebe ihr ihr Lieblingsspielzeug.
17.12 Uhr: Luna wird unruhig. Ich trage sie zum Toilettenplatz. Wieder im Haus, will sie nach meinen Füßen schnappen. Ich bringe sie sofort ins Welpenzimmer und kümmere mich erst einmal nicht um sie.
17.45 Uhr: Luna hat sich beruhigt. Wir üben ein wenig »Sitz« und »Platz«. Sie begreift sehr schnell! Sie bekommt jetzt die Hälfte ihres Abendessens.
18.10 Uhr: Den Rest des Futters gebe ich ihr im Welpenzimmer. Danach schläft Luna ein.
19.05 Uhr: Sie wird wach, trinkt, und ich bringe sie danach hinaus – erfolgreich! Dann kuscheln wir zusammen auf dem Sofa und dösen beide ein.
20.35 Uhr: Wir werden beide wach und gehen noch einmal vor die Tür. Im Welpenzimmer spielt Luna noch eine Weile vor sich hin.
22.35 Uhr: Wir gehen ein letztes Mal nach draußen.

1. Mission? Welt erobern! Mit dieser Einstellung zieht Luna in jedes Abenteuer und bringt sich dabei nicht selten in Gefahr.

2. Luna inspiziert alles und jeden, aufgeschlossen und neugierig. Wofür wird wohl dieses rollende Ding gut sein?

DAMIT WIR UNS RICHTIG VERSTEHEN

Eigentlich ist es ein kleines Wunder, dass wir uns so gut mit unseren Hunden verstehen, obwohl wir völlig verschiedene Sprachen sprechen. Doch wer sich eng miteinander verbunden fühlt, findet sehr schnell eine gemeinsame Sprache.

EINE GEMEINSAME SPRACHE FINDEN

Wie viele Wörter sprechen wir wohl am Tag? Ich glaube, unendlich viele. Und immer spricht jemand unbewusst mit, nämlich unser Körper. Die Körpersprache, die bei uns eher im Hintergrund die Kommunikation begleitet, ist für Hunde die primäre Sprache. Die Lautsprache, etwa Jaulen und Bellen, nimmt nur einen winzig kleinen Teil bei der Verständigung des Hundes ein. Fast alles klären die Vierbeiner über Blickkontakte, Bewegung und ihre Körperhaltung – sowohl unter Artgenossen als auch bei uns Menschen. Möchten Sie also mit Ihrem Welpen in Kontakt treten, dann geschieht das in erster Linie auf diese Art und Weise. Unsere Wörter sind nur die Ergänzung zu dieser nonverbalen Verständigung. Bevor Sie an das Trainieren von Kommandos mit Ihrem Vierbeiner gehen, gilt es also, eine gemeinsame Sprache mit dem Hund zu finden.

Wie sind Sie heute drauf?

Zunächst geht es erst einmal um die Gesprächsatmosphäre. Die elementare Bedeutung der eigenen Ausstrahlung machen wir uns ganz einfach und schnell klar, wenn wir an unseren Alltag denken. Gehen wir zum Beispiel in ein Gespräch mit einem Vorgesetzten, sind unsere Antennen aktiviert, und seine Stimmung ist für uns sofort spürbar. Eine frustrierte Grundhaltung bringt das Gegenüber in die Defensive. Also heute lieber dem übel gelaunten Chef keinen Verbesserungsvorschlag machen, der wird sowieso abgelehnt. Oder mit Aggression reagieren: Das lasse ich mir nicht länger bieten!

Hunden ergeht es ähnlich wie uns in dieser Situation. Möchten Sie mit dem Hund arbeiten, sind aber in Ihrer Grundstimmung frustriert, spürt der Hund das sofort – und reagiert. **Der Sturkopf** vielleicht weniger fein als **der Sensible**, aber auch der nimmt es zur Kenntnis. Seine Reaktion könnte die Verweigerung jeglicher Mitarbeit sein. Manche Hunde, zum Beispiel **ein Draufgänger,** nutzen unsere Flaute als Chance, ihren eigenen Willen durchzusetzen. **Der Sensible** wird ausweichen und sich zu entziehen versuchen. Allein **der Gemütliche** erträgt es mit stoischem Gleichmut.

Das alles hört sich nun recht dramatisch an, bedeutet aber erst einmal, dass ich mir meiner eigenen Stimmung bewusst sein sollte, bevor ich mit dem Welpen arbeite. Bin ich genervt und schlecht drauf? Dann ist es sowohl für mich als auch meinen Vierbeiner besser, einfach einmal ohne Training spazieren zu gehen. Genießen wir an einem solchen Tag unseren tierischen Gefährten als das, wofür ihn viele so schätzen – als Seelentröster.

Auf Ihre Körpersprache kommt es an

Nun haben wir gelernt, der Hund begreift unsere Laune, unsere Einstellung, die aus unserer Körpermitte kommt. Aber auch unsere Körperhaltung ist Teil dieser faszinierenden Sprache.

Haben wir Menschen Lust, mit dem Welpen zu trainieren, strahlen wir das auf ihn aus. Sind wir dagegen schlecht drauf, sollte das Training an diesem Tag besser ausfallen.

Unser Gesicht ist für Welpen oft ganz schön weit entfernt. Gehen Sie auch mal in die Hocke. Das ändert Ihre Perspektive und wirkt auf den Hund sympathisch.

Unter Hunden sind Körpersprache und Blickkontakt natürliche Kommunikationsmittel. Obwohl der Mensch, verglichen mit dem Hund, eher ein Körpersprachenlegastheniker ist, verstehen die Hunde uns recht gut. Leider sind wir in unserer Kommunikation mit dem Hund oft sehr widersprüchlich. Das heißt, hier muss der Mensch lernen, seinen Körper unmissverständlich und klar einzusetzen. Wenn das der Fall ist, versteht der Hund sofort, was der Mensch will.

Allein mit Ihrer Körpersprache sind Sie in der Lage, Ihrem Vierbeiner bestimmte Signale zu geben. Hier einige Beispiele: **Wohlwollen** signalisieren Sie, wenn Sie ein paar Schritte vom Hund zurückgehen. Das empfinden die Vierbeiner als einladend. **Einschüchternd** wirkt es auf den Hund, wenn Sie frontal nach vorne auf ihn zugehen und Ihr Oberkörper dazu noch nach vorne gebeugt ist. **Defensiv und sympathisch** kommt ein Mensch bei einem Vierbeiner rüber, der in die Hocke geht, sich dabei aber nicht aktiv um den Hund bemüht. Bei unseren Drehs für die Serie »Der Welpentrainer« kommen dann die Welpen angeflitzt und freuen sich darauf, mit uns in Kontakt zu treten.

Was Hunde aus unserem Gesicht lesen

Ein Hauptkommunikationsmittel unter Hunden ist ihre Mimik. Hunde nutzen diese Art der Sprache auch bei uns Menschen. Leider übersehen wir es oft, sodass der Hund lernt: Den Menschen anschauen lohnt sich nicht. Da Hunde stets erfolgsorientiert handeln, stellen sie dieses Verhalten ein. Schade! Damit dieses wertvolle Mittel der Kommunikation erhalten bleibt, erkläre ich Ihnen auf Seite 118, wie man den Blickkontakt zum Welpen gezielt trainieren kann.

Anfangs sollten Sie ihn immer bestätigen, wenn Ihr Welpe Sie anschaut. Bleibt er beispielsweise auf dem Spaziergang stehen, schaut sich um und sieht Sie direkt an, sollten Sie dieses Verhalten belohnen. Dies kann ein freundlicher Gegenblick, ein verbales Lob oder auch mal ein Leckerchen sein.

Zunächst kann man jeden freiwilligen Blick des Hundes belohnen. Hierbei jedoch darauf achten, dass Ihr kleiner Vierbeiner nicht bettelt! Nur kommunikative Blicke werden belohnt! Das heißt, der Welpe wartet auf Sie, schaut Sie dabei an, oder er ist in einer Situation leicht unsicher und rückversichert sich bei Ihnen. Sie sehen, auch unsere Mimik ist für Hunde ein prima Stimmungsbarometer, das sie sehr gut deuten können.

Als Strenge oder Aggression wird ein starrer Blick auf den Vierbeiner von ihm empfunden. **Ein Lächeln** hingegen funktioniert als Belohnung -beinahe schon als Futterersatz.

Dazwischen gibt es viele Abstufungen auch in unserer Mimik, und der Hund ist in der Lage, sie alle zu deuten und zu lesen. Hunde können also in unserem Gesicht viel erkennen - und das finde ich als Hundefreund großartig.

MEIN TIPP

Beobachten Sie Hunde untereinander und lernen Sie so die Hundesprache. Hier zwei Beispiele, die sich gut übertragen lassen:
1. Der Welpe rennt zu einem erwachsenen Hund und springt aufgeregt um ihn herum. Dieser beachtet den Kleinen nicht, sondern ignoriert ihn. Auf diese Weise reguliert der Althund die Aufregung des Jungspundes.
2. Die Spielaufforderung unter Hunden geschieht mit hoher Körperspannung und fast übertriebenen Bewegungen. Scheuen Sie sich nicht, dieses Verhalten nachzuahmen. Das Spiel festigt Ihre Beziehung zum Hund.

Auch Hunde können lächeln

Körpersprache und Mimik sind bei unseren vierbeinigen Freunden sehr differenziert.

Ein Hund, der mit der Rute wedelt, ist nicht per se freundlich. Schwanzwedeln bedeutet zu allererst Aufregung. Um zu beurteilen, in welcher Emotion sich Ihr Hund befindet, müssen Sie seine komplette Körperhaltung einbeziehen. **Ein Hund, der die Lefzen hochzieht,** ist nicht unbedingt aggressiv. Auch hier lohnt es sich, den ganzen Ausdruck des Hundes zu beachten. Es gibt Hunderassen, die ein echtes Lächeln von uns Menschen als ihrem Hauptsozialpartner gelernt haben. Sind sie freundlich gestimmt, zeigen sie die Zähne bei zurückgelegten Ohren, tiefem Kopf und »kleinen« Augen. Wer das einmal gesehen hat, kann es nicht als aggressiv interpretieren, wir erkennen es als Lächeln.

Dieses Verhalten wird ausschließlich nur dem Menschen gegenüber gezeigt. Was beweist, wie eng Hunde mit uns verbunden sind. Ihr Welpe zeigt Ihnen genau, was er möchte, was ihm nicht gefällt, wie er gerade drauf ist. Lernen Sie, ihn zu lesen. Es ist unendlich spannend, mit einem anderen Wesen in so engen Kontakt zu kommen!

Worte stehen hinten an

Tja, und was machen wir jetzt mit den Wörtern, die auf den ersten Blick gerade für das Erlernen von Kommandos so wichtig erscheinen?

Sie können erst einmal aufatmen: Es ist normal, wenn Ihr Hund nicht sofort aufs Wort pariert. Hunde sind in der Lage, unsere Sprache zu verstehen, aber bis sie ein einziges Wort erlernt haben, braucht es viele Tausend Wiederholungen.

Im praktischen Teil dieses Ratgebers ab Seite 92 erkläre ich Ihnen, wie Sie dem Hund Kommandos mit Ihrer Körpersprache vermitteln – und im Anschluss mit einem Wort etikettieren. An dieser Stelle möchte ich Ihnen noch ein Trick verraten.

Wollen Sie prüfen, ob der Welpe Ihr verbales Signal versteht, erteilen Sie ihm das Kommando, während Sie mit dem Rücken zu ihm stehen. Bei der Übung »Sitz« ist das schwierig zu sehen, da die Vierbeiner sich oft intuitiv hinsetzen. Aber wenn die Übung »Platz« klappt, ohne dass der Hund Ihren Körper oder Ihre Mimik lesen kann, wissen Sie: Er hat nicht nur die Übung, sondern auch das verbale Signal dazu erfolgreich erlernt.

1. Das Lecken über die Schnauze ist ein sogenanntes Beschwichtigungssignal.

2. Was willst du genau von mir? Hund und Mensch brauchen Zeit, um sich gegenseitig lesen zu lernen.

HALSBAND, GESCHIRR UND LEINE

Die meisten Hunde freuen sich, wenn Frauchen oder Herrchen die Leine in die Hand nimmt. Jetzt geht es raus ins Abenteuer. Eine Grundvoraussetzung ist jedoch, dass Halsband, Geschirr und Leine gut und bequem sitzen.

AM ANFANG STEHEN GESCHIRR UND TRAININGSLEINE

In der Welpenzeit bin ich ein großer Befürworter von Geschirr und Trainingsleine, an die Ihr vierbeiniger Liebling zuerst gewöhnt werden sollte. Beides gehört zu Anfang untrennbar zusammen.

Wann immer Sie mit Ihrem Welpen nach draußen gehen, trägt er Geschirr und Trainingsleine. Ich vergleiche diese beiden Dinge gerne mit Schwimmflügeln. Diese helfen Ihrem Kind, sich sicher im Wasser zu bewegen, bis es schwimmen gelernt hat. Geschirr und Trainingsleine helfen Ihrem Welpen, sich sicher in seiner Umwelt zu bewegen, bis er gelernt hat, frei und kontrolliert an Ihrer Seite zu laufen. Dies ist ein langer Prozess.

Gerade weil der Folgetrieb des Welpen am Anfang so groß ist, er scheinbar freiwillig in unserer Nähe bleibt, erlebe ich es immer wieder, dass die Trainingsleine zu früh weggelassen wird. Die Folge ist, dass der Welpe lernt, eigene Entscheidungen zu treffen, und sich damit immer wieder selbst belohnt. Dort hinten ist ein Hund? Hey, da laufe ich hin und habe Spaß. Meine Leute sind hinterher immer noch da. Deshalb nicht zu früh versuchen, ohne Schwimmflügel zu schwimmen. Das Ziel muss natürlich sein, diese Hilfsmittel abzubauen. Aber eben nicht zu früh. Es stellt übrigens kein Problem dar, wenn Ihr Kleiner an der Trainingsleine zieht, da die Welt um ihn herum so spannend ist. Er wird später entweder frei laufen oder an lockerer Führleine, die am Halsband befestigt ist, gehen (→ Leinenführigkeit, Seite 130).

Geschirr und Trainingsleine sind zunächst die sichtbare Verbindung zwischen Ihnen und Ihrem Welpen. Die Trainingsleine soll aber mehr und mehr durch eine »mentale Leine«, also durch die natürliche Bindung an Sie als Bezugsperson, ersetzt werden. Die Trainingsleine ist sozusagen ein Notanker. Sie wird nur eingesetzt, wenn es gar nicht anders geht. Von Anfang an sollten Sie so frei wie möglich mit dem Welpen arbeiten. Wo immer es möglich ist, läuft die Leine hinter Ihrem Kleinen her. Kommt Ihnen etwas Spannendes entgegen, wirken Sie zunächst über Stimme und Körpersprache auf Ihren Vierbeiner ein. Erst wenn er hierauf nicht reagiert, treten Sie auf die Leine oder nehmen diese in die Hand (→ Begegnungstraining, Seite 60). Das Motto ist hier: Sie benutzen die Trainingsleine so oft wie nötig, aber so wenig wie möglich.

Mit einem Welpen sollten Sie in den ersten Tagen zwar noch keine ausgedehnten Spaziergänge unternehmen. Doch um die Stubenreinheit zu trainieren, ist es sicherer, den Welpen anzuleinen – vor allem wenn Sie keinen eingezäunten Garten zur Verfügung haben. Schließlich gibt es draußen jede Menge Eindrücke, die den Welpen erschrecken könnten und er in Panik flüchten will. Auch im Wartezimmer, beim Tierarzt, beim ersten Treffen mit Freunden oder bei

Geschirr anlegen leicht gemacht. Was riecht denn da so verführerisch? Mit dem Leckerchen vor der Nase streckt der Welpe den Kopf nach vorne.

Während der Welpe auf das Leckerchen konzentriert ist, legen Sie ihm schnell das Geschirr um den Hals. So verbindet der Welpe das Anlegen als positiv.

der ersten Busfahrt sollten Geschirr und Trainingsleine Ihre ständigen Begleiter sein. Ich bevorzuge eine etwa drei Meter lange Trainingsleine für den Welpen. Maximum sind für mich fünf Meter. Alles was darüber hinaus geht, wird dazu führen, dass Sie und Ihr quirliger Welpe beim nächsten Waldspaziergang zu einer kaum trennbaren Einheit verschnürt sind. Die Leine sollte schmal und leicht sein. Sie hat keine Haken – außer zum Einklinken ins Geschirr – keine Ösen und auch keine Handschlaufe.

Empfehlenswert ist eine Leine aus BioThane®, die aus einem Polyestergewebe mit einer Ummantelung aus verschiedenen Kunststoff-Arten besteht. Sie ist reißfest, witterungsbeständig und pflegeleicht. Ihr Hund wird die Leine mit Sicherheit hinter sich her und durch jede Menge Schmutz schleifen. Die BioThane®-Leine ziehen Sie dann nach dem Ausgang zu Hause einfach durch einen nassen Lappen, um sie zu reinigen. Fertig!

Wichtig: Die Trainingsleine wird immer mit einem Geschirr kombiniert, niemals mit einem Halsband. Wenn der Welpe mit Speed in die Leine rennt, was er mit Sicherheit tun wird, und die Leine hängt am Halsband, drückt dieses schmerzhaft auf den Kehlkopf des Kleinen. Darüber hinaus kann der Welpe sich heftig die Halswirbelsäule verrenken! Ein gut sitzendes Geschirr hingegen mildert den Ruck in einem solchen Fall ab.

DEN WELPEN AN DAS GESCHIRR GEWÖHNEN

Prinzipiell muss der Welpe an alles behutsam gewöhnt werden, gleich ob Halsband, Führleine, Trainingsleine oder Geschirr. Die Gewöhnung an das Geschirr ist manchmal ein Abenteuer für Mensch und Hund. Bitte, bitte nicht! Viele Hunde verstecken sich schon beim Anblick des Geschirrs unterm Sofa. Der Grund liegt in der Regel nicht darin, dass das Tragen eines Geschirrs für die Hunde so unangenehm ist, sondern dass das Anlegen für die ungeübten Welpen-Eltern oft etwas kompliziert ist.
Der ewachsene Mensch erscheint dem Welpen wie ein Riese. Beugt sich der »Riese« nun über den kleinen Welpen, um ihm das Geschirr anzulegen, wirkt er bedrohlich auf den Vierbeiner. Zu allem Überfluss wird dann auch noch an seinen Vorderbeinen herumgezogen. Welches Hundebaby mag das schon? Gehen Sie beim Anlegen des Geschirrs grundsätzlich behutsam vor. Ich bezeichne die folgende Methode als »Schönfüttern«.

- → Schauen Sie sich die Konstruktion des Geschirrs vorher in Ruhe an. Dann zeigen Sie dem Hund den neuen Gegenstand. Schau mal, das ist dein Geschirr. Damit werden wir bald spannende Ausflüge machen (→ Foto, Seite 51).
- → Locken Sie den Kopf des Welpen mit etwas Futter hindurch, nehmen Sie das Geschirr wieder weg, das Ganze noch einmal (→ Foto, oben).
- → Beim nächsten Mal legen Sie das Geschirr, um

Gleich ist es geschafft! Und jetzt ist aber die Belohnung fällig. Nun muss das Geschirr nur noch geschlossen und die Trainingsleine befestigt werden. Und schon kann's losgehen.

Trägt der Welpe Geschirr und Trainingsleine, gibt Ihnen das Sicherheit und dem Welpen mehr Freiheit. Der kleine Vierbeiner kann sich an langer Leine austoben, und Sie haben den Welpen dennoch jederzeit unter Kontrolle.

den Brustkorb, dann – bei einer nächsten Runde – schließen Sie es völlig.

→ Geben Sie dem Hund bei jedem Durchlauf ein Bröckchen Futter. Was für ein schönes Spiel, denkt der Welpe – und schon trägt er das Geschirr und hat es ins Herz geschlossen.

Wichtig: Sinnvoll ist es, das Geschirr zunächst ohne Leine in der Wohnung anzulegen. Lassen Sie den Welpen damit ein wenig herumlaufen. So ist es noch vor dem ersten Training zu einer Selbstverständlichkeit geworden.

So lästig es ist, jedes Mal, wenn es nach draußen geht, Geschirr und Trainingsleine anzulegen – die Vorteile überwiegen bei Weitem. Aus meiner langjährigen Erfahrung kann ich Ihnen versichern: Es lohnt sich!

DAS HALSBAND

Es sollte breit, gepolstert und verstellbar sein. Ungeeignet, auch später im Training, sind sogenannte Halbwürger, also locker sitzende Halsbänder, die sich von allein bis zu einem bestimmten Punkt zuziehen. Welpen, die von einem Züchter stammen, kennen oft schon das Halsband. Falls nicht, wird sich Ihr Welpe immer wieder kratzen, um diesen seltsamen Fremdkörper am Hals loszuwerden. Sie helfen ihm am meisten, wenn Sie gar nicht darauf eingehen. Lassen Sie den Hund das Halsband den ganzen Tag tragen, sodass er sich schneller daran gewöhnen kann.

DIE FÜHRLEINE

Entscheiden Sie sich für eine leichte, verstellbare Führleine, zum Beispiel aus einem textilen Material. Lederleinen sind oft besonders schwer. Ausziehleinen verleiten den Vierbeiner zum Ziehen und den Hundehalter, dieses zuzulassen. Der Hund lernt als Normalzustand, dass immer Druck auf dem Geschirr oder Halsband ist. Darüber hinaus kann es gefährlich werden, wenn die Leine versehentlich aus der Hand gleitet und zu Boden fällt. Der Kasten am Ende der Ausziehleine »verfolgt« den Welpen. Besonders der sensible Vierbeiner kann sich dabei so erschrecken, dass er in Panik davonrennt.

DER STURKOPF

DIE GESCHICHTE VON MAJA

Husky-Welpe Maja lebt seit zwei Wochen in ihrem neuen Zuhause zusammen mit Liz und Tom und deren einjähriger Tochter Mia. Maja ist aufgeweckt und lustig. Wenn sie etwas will, zieht sie es geradezu gnadenlos durch. Sie stibitzt Dinge wie das Spielzeug des Kindes, kommt aus dem Garten nicht herein, bleibt bei Spaziergängen oft stur sitzen und weigert sich weiterzugehen. Sie ignoriert gern die Kommandos ihrer Menschen. Maja ist aber sehr verschmust, anhänglich und auch kooperativ, wenn sie es möchte. Maja kann viel, möchte dies aber nicht immer zeigen. Sie will oft mit dem Kopf durch die Wand.

EIN TAG MIT MAJA

6.05 Uhr: Ich höre ein Kratzen an der Boxenwand. Schnell schlüpfe ich in eine Jacke – Hund auf den Arm. Das Geschirr lege ich Maja im Aufzug an. Maja sitzt auf ihrem Toilettenplatz und denkt nicht an die wesentlichen Dinge. Nach einer gefühlten Ewigkeit pieselt sie endlich.

6.25 Uhr: Tom hat Kaffee gemacht und Futter für Maja vorbereitet. Ich stelle Majas Napf ins Welpenzimmer. Maja saust heran und stürzt sich darauf. Sie jault ein bisschen, möchte Action. Doch jetzt muss Maja zurückstehen – das Baby meldet sich.

6.45 Uhr: Tom geht mit Maja noch mal nach draußen. Erfolgreich.

7.00 Uhr: Wir frühstücken, Maja läuft durch die Wohnung. Plötzlich springt sie in die Luft, dreht sich um sich selbst und rennt wie verrückt durch Wohnzimmer und Küche. Wir lassen sie ein bisschen toben – bis sie im Blumentopf sitzt. Ich bringe sie in ihr Welpenzimmer – Protestgeschrei. Erstaunlicherweise schläft Maja darüber ein.

8.10 Uhr: Maja hat ziemlich lange geschlafen. Ich beeile mich, sie auf ihren Toilettenplatz zu bringen. Puh, geschafft!

8.20 Uhr: Zurück in der Wohnung, trainiere ich mit ihr das Apportieren. Sie ist so klug! Heute arbeitet sie auch super mit. Trotzdem höre ich nach

1. So jung und bereits so willensstark. Maja weiß schon jetzt ganz genau, was sie möchte und was nicht. Sie hat eben ihren eigenen Kopf.
2. Hat Maja einen interessanten Geruch in der Nase, fällt ihr das Gehorchen schwer. Manchmal eine Herausforderung für ihre Menschen.
3. Oft braucht es mehr Überzeugungsarbeit, um Maja zum Weitergehen zu bewegen.

einigen Wiederholungen mit dem Training auf, um sie nicht zu überfordern.

8.40 Uhr: Die ganze Familie sitzt auf dem Teppich und spielt mit Maja. Das findet sie sichtlich toll!

9.10 Uhr: Wir fahren zum Streichelzoo – ein Erlebnis für unsere Tochter und den Hund.

10.30 Uhr: Wir besuchen ein Café. Maja liegt unter dem Tisch und schläft.

11.00 Uhr: Als wir nach Hause kommen, dreht Maja auf. Sie springt an uns hoch und beißt in unsere Klamotten. Und zack, ist ein Loch in meiner Strickjacke. Tom setzt Maja ins Welpenzimmer. Sie beruhigt sich schließlich und schläft ein.

12.25 Uhr: Maja wird wach. Tom bringt sie zum Toilettenplatz und füttert sie. Danach spielt und schmust er mit ihr im Welpenzimmer.

13.05 Uhr: Ich bringe Maja noch einmal nach draußen. Sie trödelt rum. Ich gehe mit ihr um den Block. Maja macht endlich ein Bächlein.

13.30 Uhr: Zurück in der Wohnung, durchstreift Maja die Zimmer und legt sich dann auf den Balkon. Von dort beobachtet sie die Welt um sie herum.

14.30 Uhr: Wir wollen einen kleinen Waldspaziergang machen, doch Maja bleibt stur auf dem Balkon liegen, obwohl wir sie rufen. Erst als wir zur Wohnungstür gehen, kommt sie uns langsam hinterher.

14.45 Uhr: In diesem Wald waren wir mit Maja noch nie. Nach kurzer Zeit lässt Tom die Trainingsleine los. Wir testen, wie gut Maja folgt, wenn wir zum Beispiel die Laufrichtung wechseln. Oft scheint Maja abzuwägen, ob es wirklich nötig ist, sofort zu folgen. Sie trifft am liebsten ihre eigenen Entscheidungen.

15.30 Uhr: Wir fahren zu Freunden, die uns zum Essen eingeladen haben. Sie kennen Maja noch nicht und sind natürlich begeistert. Maja rennt aufgeregt durch die Wohnung. Sie ist hektisch, klaut das Spielzeug der Kinder. Und dann pinkelt sie auch noch auf den Teppich. Wir essen mit einer angeleinten Maja und einem Fuß auf der Leine schließlich am Tisch. Endlich kehrt Ruhe ein.

18.10 Uhr: Wieder zu Hause. Für Maja gibt es Futter.

20.30 Uhr: Maja wird noch einmal wach. Wir spielen und kuscheln.

22.45 Uhr: Tom geht ein letztes Mal mit Maja nach unten. Danach bringt er sie ins Welpenzimmer, und wir hoffen auf eine ruhige Nacht.

ERSTE SPAZIERGÄNGE

Die ersten Tage sind vorüber, und der Welpe hat Sie und Ihr Zuhause kennengelernt. Der erste Spaziergang steht an. Sie haben sich so auf diesen Moment gefreut. Aber der Welpe möchte nicht so richtig mitkommen. Vor allem **der Sensible** fürchtet das Unbekannte, **der Gemütliche** geht ein paar Schritte, um sich dann erst einmal wieder hinzusetzen. **Der Sture** will schon, aber in die andere Richtung, und **der Draufgänger** will Sie direkt an der Leine hinterherziehen. Egal welches Temperament Ihr kleiner Vierbeiner hat, allen Hunden gemein ist, dass sie bis zur zwölften Woche ihren Bau, also ihr sicheres Zuhause, nicht gern verlassen wollen. In den ersten Tagen dürfen Sie den Welpen also ruhig ein paar Meter tragen. Wichtig dabei ist, dass Sie ihm nicht das Gefühl geben, er könne das bestimmen. Bockt er, betteln Sie ihn nicht an, er möge doch bitte weiterlaufen. Wenn Sie ihn hochnehmen, dann am besten mit so wenig Aufsehen wie möglich.

Die ersten Spaziergänge mit sogenannten Winterwelpen, die im Herbst geboren werden, sind ein wenig komplizierter. Denn auch kleine Hunde mögen keine Schauer, keinen Graupel oder Schnee. Bei diesen ersten Spaziergängen ist es übrigens nicht das Ziel, den Hund auszulasten, denn das braucht ein Welpe noch gar nicht. Hier geht es um Prägung, Entdecken und das Zusammenwachsen mit Ihnen, seiner Bezugsperson. Wenn der Hund auf diesen ersten Entdeckungstouren in die Welt auch noch sein Geschäft verrichtet, haben Sie richtig Glück. Es kann aber auch sein, dass Ihr vierbeiniger Liebling nach dem Spaziergang nach Hause kommt und sich direkt auf den Teppich hockt, um sein Geschäft zu verrichten. Die Welt da draußen ist nämlich so aufregend und spannend, da kann man die eigentlichen Dinge schon einfach mal vergessen ...

Erste Spaziergänge sollen kurz ausfallen. Zehn Minuten bis eine Viertelstunde reichen aus. Steigern Sie die Länge der Spaziergänge mit zunehmendem Alter Ihres Welpen allmählich. Häufig werde ich gefragt, ob Hunde im Winter Kleidung benötigen. Die meisten Hunde sind von Natur aus gegen Kälte und Nässe geschützt. Kurzhaarige Rassen, auch viele Kleinhunde ohne Unterwolle, durchnässen schnell und frieren dann. Hier kann Kleidung sinnvoll sein.

Die Ohren fliegen im schnellen Lauf. Der Welpe bringt sein Lieblingsspielzeug zu Frauchen. Ob jetzt auch eine Runde Toben als Belohnung folgt?

Der Welpe darf das erste Mal frei laufen. Was für ein aufregender Moment. Doch keine Angst, in diesem Alter hat der kleine Vierbeiner noch einen starken Folgetrieb. Er wird darauf achten, dass er seine Bezugsperson nicht verliert, und dicht bei Ihnen bleiben.

DER BINDUNGSSPAZIERGANG

Der erste Bindungsspaziergang gehört für mich zu den schönsten Erlebnissen in der Welpenzeit. Der Hund, der erst vor wenigen Tagen eingezogen ist, folgt seinem Frauchen oder Herrchen ganz ohne Leine und signalisiert damit deutlich: Du und ich, wir sind ein Team.

Vielen Neu-Hundehaltern macht genau dieser Moment Angst: Was ist, wenn der Hund mir nicht folgt, wenn er sogar wegläuft? Zum ersten Mal die Leine loszulassen, das ist schon ein aufregender Moment. Versuchen Sie, sich zu entspannen. Angst verdirbt diesen wunderbaren Moment – für Sie und Ihren jungen Vierbeiner.

Machen Sie sich klar: Der Welpe, noch an die Nähe seiner Mutter und Geschwister gwöhnt, hat gerade in seiner ersten Lebensphase einen starken Folgetrieb. Dieser ausgeprägte Folgetrieb und die ersten Tage mit Ihnen als neue Bezugsperson für ihn werden dafür sorgen, dass er gar nicht anders kann, als Sie im Auge zu behalten und nahe bei Ihnen zu bleiben.

Gut geplant ist halb gewonnen

Planen Sie den ersten Bindungsspaziergang dennoch sorgfältig. Entscheiden Sie sich für ein Gelände, das nicht zu nahe an Ihrem Zuhause liegt und Ihrem Welpen bis dato völlig fremd ist. Es sollte selbstverständlich abseits stark befahrener Straßen und Fahrradwege liegen und auch keine anderweitigen Gefahren in sich bergen.

Ein Bindungsspaziergang nahe an seinem Zuhause und ein Gelände, das Ihr Welpe schon kennt, würde seine Aufmerksamkeit mindern. Angenommen, er hätte Sie während des Spaziergangs verloren, würde er vermutlich jetzt nach Hause zurücklaufen. Ein für ihn unbekanntes Terrain dagegen zwingt ihn, sich auf Sie zu konzentrieren, um nicht seine vertraute Bezugsperson zu verlieren. Ein weiterer positiver Nebeneffekt, bei einem für ihn unbekanntes Gelände, das nicht direkt nahe seines Zuhauses liegt, ist: Sie üben gleich noch einmal das Autofahren zum »Neuland«, und Sie prägen Ihren vierbeinigen Liebling auf etwas Neues, das er bislang in dieser Form noch nicht kennengelernt hat.

Zeigst du mir die Welt? Der Welpe ist dicht an Ihrer Seite. Für ein junges Mensch-Hund-Duo ist der erste Spaziergang ein Moment, der zusammenschweißt.

- → Der Welpe sollte beim Bindungsspaziergang Geschirr und Trainingsleine tragen.
- → Gehen Sie ein paar Hundert Meter angeleint mit ihm und lassen Sie dann die Leine los. Seien Sie unbekümmert, auch wenn es schwerfällt. Schenken Sie dem Welpen keine Beachtung, denn er muss lernen, Sie im Auge zu behalten!
- → Laufen Sie ein bisschen umher, Ihr neuer Begleiter ist in unmittelbarer Nähe.
- → Ändern Sie zwischendurch einfach mal die Richtung und verschwinden Sie unangekündigt zum Beispiel hinter einer Kurve.
- → Wenn der Kleine abgelenkt wirkt, weil ja alles so aufregend für ihn ist, verstecken Sie sich kurz hinter einem Baum. Einen Moment nicht aufgepasst – schon ist mein Mensch weg! Das ist eine wichtige Lektion für den Welpen. Sie versetzen ihn in einen positiven Stress und animieren ihn, sich künftig besser auf Sie zu konzentrieren.
- → Der Welpe sucht und findet Sie schließlich hinter dem Baum – und ja, ich weiß, das ist jetzt schwer: Zeigen Sie in diesem Moment keine überschwängliche Freude beim Wiedersehen. Ihr kleiner Vierbeiner soll hier spüren, dass es ganz selbstverständlich ist, Ihnen zu folgen. Dass Sie zusammengehören, ist nun Alltag für Ihren Welpen.

Eigentlich kann gerade am Anfang nichts schiefgehen. Der Folgetrieb des Welpen ist noch so stark, dass er in Ihrer Nähe bleiben wird. In der Natur wäre er ohne seine Mutter und Geschwister nämlich sofort verloren. Über die Bindungsspaziergänge soll der Welpe lernen, dass Sie durchaus verschwinden können, wenn er nicht auf Sie achtet. Sie bestimmen, wo es langgeht. Und es kümmert Sie scheinbar nicht, ob der Welpe Ihnen folgt. Aus diesem Grund wird der Jungspund mit der Zeit einen recht kleinen Radius um Sie herum entwickeln. Sie werden feststellen, dass Sie sich gar nicht mehr verstecken können, da der Kleine sofort merkt, wenn Sie Richtung Baum abdriften. Spannend wird es, wenn der Hund älter wird und das Selbstbewusstsein gleichzeitig mit seinem Tatendrang wächst. Was wohl da Aufregendes hinter dem Hügel wartet? Und ist hinter dieser Wiese die Welt nicht noch viel schöner? Seine Neugier, die Gerüche und seine Triebe führen ihn in Versuchung, die Welt allein unsicher zu machen. Der Radius zwischen Ihnen beiden wird größer. Jetzt beginnt Ihre Verantwortung für die aktive Erziehung.

Der Draufgänger ist natürlich am schnellsten an dem Punkt, an dem er nicht mehr nur brav folgen mag. **Der Sensible** und **der Gemütliche** werden bestimmt auch als ältere Welpen an Ihrer Seite bleiben. Zu furchteinflößend oder zu anstrengend ist es da draußen, im Wald oder auf dem Feld. **Der Sture** wird manchmal Lust haben zu folgen, manchmal auch nicht. Er macht sich ebenfalls gern selbstständig. Egal mit welchem Hund Sie arbeiten, eine Trainingsleine ist das optimale Werkzeug, um den Welpen zu einem zuverlässigen Begleiter zu erziehen.

Sprechen Sie den Welpen ruhig öfter direkt an. So kommen Sie immer wieder in Kontakt und signalisieren: Ich bin da.

BEGEGNUNGSTRAINING

Sobald Sie mit Ihrem Welpen das Haus verlassen, spielt das Thema Begegnungen eine riesige Rolle. In der Siedlung spielen Kinder auf der Straße, Fahrradfahrer sind unterwegs, Menschen mit Kinderwagen, im Rollstuhl, mit oder ohne Hund. Und auch im Wald, fernab der Zivilisation, treffen wir auf Spaziergänger, Jogger, Mountainbiker. Oder – oft unbemerkt – auf scheue, in der Dickung Schutz suchende Wildtiere.

Die Begegnung kontrollieren

Egal, wer oder was Ihnen über den Weg läuft: Jede Begegnung ist für den Hund ein mehr oder weniger starker Reiz. Und die Verantwortung eines jeden Hundehalters besteht darin, die Begegnungen zu kontrollieren. Eine enorm wichtige Frage in der Hundeerziehung sollte also sein: Wie bleiben solche Begegnungen unter meiner Kontrolle? Erst einmal ist für mich die Grundhaltung entscheidend. Wenn man einen Hund bei sich hat, muss man noch vorausschauender sein als sonst. Nur mit solcher Umsicht kann man potenzielle Reize früh erkennen. Dann kann man den Hund auf sich beziehen, ihn heranrufen, vielleicht ein Spiel beginnen oder ihn dicht neben sich halten.

Machen Sie sich interessant für Ihren Hund

Auch wenn es noch so verlockend erscheinen mag, bitte den Hund in einer Begegnung niemals mit Futter bestechen. Natürlich kann man ihn prima mit einem Stück Fleischwurst vor der Nase an dem Reiz vorbeiführen. Dann aber findet kein Lernen, keine Erziehung statt – und irgendwann könnte auch das leckerste Futter nicht mehr ziehen. Deshalb ist meine Philosophie: sich interessant machen für den Hund. Ihr Vierbeiner soll lernen nachzufragen, was sein Mensch von ihm möchte, sich rückversichern. In dieser Weise die Begegnung meistern und anschließend mit Futter belohnen. So wird Ihr Hund es begreifen: Ich habe das gerade gut gemacht.

Ziel dieses Trainings ist es, den Hund bei jeder Begegnung bei sich zu haben: entweder, indem er sich hinsetzt oder indem Sie ihn dicht an Ihrer Seite führen. Natürlich darf der Welpe auch einmal mit anderen Hunden spielen, aber erst nachdem Sie es ihm erlaubt haben. Der Mensch bestimmt den Ablauf der Begegnung – und vermeidet somit eine unangenehme Situation, für sich und den Hund. Wie also »dirigieren« Sie Ihren Welpen – ohne Bestechung – an der für ihn mehr oder weniger reizvollen Begegnung vorbei?

1. Der fremde Hund ist ein starker Reiz. Beziehen Sie den Welpen frühzeitig auf sich, damit seine Aufmerksamkeit bei Ihnen liegt.

2. Ihr Welpe ist brav sitzen geblieben. Jetzt dürfen Sie ihn belohnen.

Die Toleranzzonen

Sie sollten wissen, dass jeder Hund drei Zonen der Toleranz hat.

In der grünen Zone haben Hund und im Idealfall auch der Mensch den Reiz wahrgenommen. Sie, als Halter, können jedoch hier noch leicht auf Ihren Vierbeiner einwirken und ihn auf sich beziehen. Der Hund ist zugänglich und in der Lage, auch Kommandos auszuführen.

In der orangefarbenen Zone ist der Reiz näher oder stärker, verführerischer. Der Hund wägt ab: Bleibe ich bei meinem Menschen, oder gebe ich dem Verlangen loszulaufen nach? Hier haben Sie meist zu lang gewartet, dem Hund, ohne es zu wollen oder gar zu registrieren, die Wahl gelassen. In dieser Zone entscheidet der Hund sich für Sie – oder eben nicht.

In der roten Zone ist Ihr Einfluss wirklich verloren gegangen. Der Hund rennt los, zu stark ist der Reiz. Die gute Nachricht: Über entsprechendes Training ist es möglich, die grüne Zone zu vergrößern und die rote drastisch zu verkleinern.

Dennoch, jeder Hund hat diese Toleranzzonen. Wo sie jedoch beginnen und ineinander übergehen, das ist auch eine Charakterfrage. **Der Draufgänger** findet Kinder, Menschen, alles um sich herum einfach wunderbar. Seine grüne Zone ist ziemlich schmal, und der Halter muss die Spaziergänge noch vorausschauender gestalten.

MEIN TIPP

Lässt sich Ihr Welpe auf Spaziergängen leicht von anderen Hunden ablenken? Animieren Sie ihn, Sie anzuschauen, und laufen Sie mit ihm an dem anderen Hund vorbei. Unmittelbar nach der Begegnung werfen Sie einen Futterhappen mit Blickkontakt zu Ihrem Welpen nach vorne. Der Hund erjagt sich seine Belohnung. Wenn Sie diesen Ablauf bei jeder Begegnung einhalten, baut sich eine Erwartungshaltung bei Ihrem Welpen auf. Bald wird er von allein und frühzeitig Ihren Blick suchen. Seien Sie zur Stelle und belohnen Sie ihn!

Gleich ob Spaziergänger, fremder Hund oder auch ein Fahrrad – Sie sollten jede Begegnung auf Ihren Spaziergängen von Anfang an kontrollieren.

Auch **der Sturkopf** möchte sich durchsetzen und Reizen, die ihn interessieren, nachgeben. **Der Gemütliche** kann auch näher kommende Reize gut aushalten und an der Seite seines Frauchens oder Herrchens bleiben. **Der Sensible** bleibt freiwillig in der Nähe seines Menschen, da ihm viele Reize Angst machen. Aber auch hier kann es passieren, dass er etwas besonders toll findet und dann doch schon mal in die rote Zone gerät.

Auf den Charakter kommt es an

Es ist unsere Aufgabe, in der Welpenzeit herauszufinden, mit welchem Charakter des kleinen Vierbeiners wir es zu tun haben. Um Begegnungen mit Ihrem Welpen von Anfang an unter Kontrolle zu haben, beziehen Sie ihn auf sich oder führen ihn gegebenenfalls an der Trainingsleine an dem jeweiligen Reiz vorbei und belohnen ihn zwischendurch für sein braves Verhalten. Irgendwann ist dieser Ablauf einer Begegnung ganz normal für Sie und Ihren Hund. Ihr Hund wird Sie ab jetzt fragen, wie es weitergeht, wie Sie entscheiden, egal, welcher Reiz Ihnen begegnet. Ist das Training bei Begegnungen abgeschlossen, werden Sie einen Begleiter haben, der beispielsweise einen Hund sieht und stehen bleibt. Er wird sich zu Ihnen umschauen und auf Ihre Entscheidung warten. Darf er zu dem Hund laufen? Soll er zu Ihnen zurückkommen? Stehen bleiben? Kleine Zeichen genügen. Und dann dürfen Sie sich auf viele entspannte Spaziergänge freuen, bei denen die Trainingsleine nicht mehr nötig sein wird.

ERFAHRUNGEN MIT DER UMWELT SAMMELN

Bieten Sie Ihrem Welpen viele verschiedene Sinneseindrücke und Erfahrungsmöglichkeiten. Das fördert nicht nur die Intelligenz des kleinen Vierbeiners, sondern auch seine Gelassenheit gegenüber Neuem.

SOZIALISATION UND HABITUATION

Als Sozialisation wird die Prägung auf die belebte Umwelt, also auf Menschen, andere Hunde, aber auch auf andere Tiere bezeichnet. Habituation ist die Gewöhnung an die unbelebte Umwelt, wie Verkehr, unterschiedliche Untergründe, Gewitter, die Stadt, Wasser und vieles mehr. Dieses Kapitel dreht sich also um die Welt, um all das, was sich um uns und um den Hund herum befindet.

Woher stammt der Welpe?

Tatsächlich beginnen die Welpen ihre Umgebung ab der fünften Lebenswoche wahrzunehmen – also in einer Zeit, in der Sie noch keinen Einfluss auf seine frühesten Erfahrungen und Prägungen haben. Guten Züchtern ist diese Verantwortung bewusst: Sie sorgen dafür, dass ihre Welpen optimal auf das Leben mit dem Menschen und auf eine nicht immer hundgerechte Umwelt vorbereitet werden. Welpen, die von einem schlechten Züchter oder gar Hundehändler kommen, kennen häufig nur einen Stall oder Verschlag. Und Hunde aus dem Ausland haben meist wenig bis gar keinen Kontakt zum Menschen gehabt. Es lohnt sich, sich bewusst zu machen, was der Welpe in seinen ersten Lebenswochen gesehen und erlebt haben mag. Kommt er aus eher schlechten Verhältnissen, sind Sie deutlich mehr gefragt, dafür zu sorgen, dass Ihr Kleiner zum Thema Prägung noch viel nachholen kann. Je schwieriger die Bedingungen waren, desto größer ist Ihre Aufgabe.

Viele Eindrücke sorgen für einen wachen Geist

Über den genauen Zeitpunkt widerspricht sich die Literatur hier zwar, aber die Sozialisation endet etwa mit der achten Woche, die Habituation etwa mit der zwölften Woche. Fakt ist, in diesen wenigen Wochen entwickelt sich das Welpengehirn in einer rasanten Geschwindigkeit. Je vielfältiger die Eindrücke in dieser Zeit sind, desto mehr Vernetzungen bilden sich im Gehirn des Welpen. Auch das Verhalten innerhalb der Gruppe wird abgespeichert und erlernt, genauso wie das Verhalten von Menschen, die der Welpe als gruppenzugehörig verinnerlicht. Das alles führt dazu, dass der Welpe geistig flexibel wird. Das bedeutet, er kann sich später, wenn er erwachsen ist, gut und ohne viel Stress auf neue Situationen einlassen. Letztlich ist es wichtig, dass der Welpe innerhalb dieses kleinen Zeitfensters lernt zu lernen.

Schnuppern an den duftenden Blumen. Ermöglichen Sie Ihrem Welpen viele verschiedene Sinneseindrücke. Das macht ihn fit im Kopf und stärkt seine Persönlichkeit.

Erfahrungen positiv abspeichern

Die große Herausforderung für den Hundehalter ist es also, dem Hund viel zu bieten, ohne ihn zu überfordern. Schon der Welpe sollte verschiedene Situationen, Umgebungen, Menschen und Tiere – einfach die Welt kennenlernen. Und er sollte die Zeit bekommen, das Gesehene, Gerochene, Gehörte, all diese Sinneseindrücke verarbeiten zu können. Dies geschieht im Schlaf. Ein weiterer Punkt, weshalb Ruhe und Entspannung so wichtig sind (→ Seite 41). In dieser Phase ist es ebenfalls besonders wichtig, dass

Was für ein ungewohntes Gefühl! Verschiedene Untergründe dienen als Mutproben, die das Selbstbewusstsein des Welpen stärken.

der Welpe stets positive Erfahrungen mit seiner Umwelt sammelt. Hier müssen Sie ihm helfen. Nicht nur, indem Sie ihn immer wieder neuen Eindrücken aussetzen, sondern vor allem, indem Sie dafür sorgen, dass er sie positiv abspeichert. Und das funktioniert bei Hunden besonders gut durch den Magen. Etwas Futter in einer stressigen Situation hilft, sie als positiv und okay zu verankern. Wird der Welpe zum Beispiel unsicher? Bieten Sie ihm ein bisschen Futter an. Frisst der Hund nicht, ist das Stresslevel schon zu groß. Dann verlassen Sie am besten die aktuelle Situation und beginnen dann beim nächsten Mal, ihm schon früher ein Leckerchen zu reichen.

Neben Futter tut kleinen Hunden, ebenso wie Menschenkindern, Nähe gut. Eine unbekannte Welt, wie zum Beispiel eine belebte Einkaufsstraße, lässt sich viel leichter von Ihrem Arm aus erleben. Das festigt das Band zwischen Ihnen und Ihrem vierbeinigen Liebling und hilft zudem gegen allzu neugierige und aufdringliche Passanten.

Wie kleine Vierbeiner die Welt entdecken

Wie mutig oder schüchtern sich der Welpe die Welt erschließt, hängt auch hier wieder stark vom Charakter ab. **Der Sensible** wird länger brauchen, um mit Unbekanntem sicher umzugehen. Diese Hunde brauchen noch mehr Hilfe, vor allem in Form von Nähe und Schutz. Da **der Draufgänge**r oft unbedacht handelt, muss sein Mensch ihn eher zurückhalten. Bei ihm ist es besonders wichtig, ihn Neues bewusst und langsam erleben zu lassen. Nicht über ein Hindernis, wie zum Beispiel ein Lüftungsgitter, hinwegrennen, sondern Pfote für Pfote hinübergehen. Denn auch der Draufgänger kann auf Unbekanntes ängstlich reagieren, wenn er es als Welpe nicht bewusst kennengelernt hat. Im Wesen **des Gemütlichen** liegt es ohnehin schon, sich die Welt erst einmal anzuschauen, in sich aufzunehmen und sie dann im Schlaf zu verarbeiten. Trotzdem braucht auch er Schutz und Sicherheit. **Der Sturkopf** möchte die Dinge manchmal länger auf sich wirken lassen, als Sie Zeit haben. Oder er möchte deutlich schneller etwas erleben, als Sie es sich vorgestellt haben. In jedem Fall ist er stets Ihre kleine Wundertüte. Seien Sie also flexibel und rechnen stets mit beidem.

Gleich, welcher Typ Hund Sie in Ihrem Leben begleitet – allen gemein ist, dass die Welpenzeit besonders wichtig und unwiederbringlich ist. Was in dieser kurzen Zeit versäumt wird, ist später kaum nachholbar. Gerade weil diese rasante Gehirnentwicklung dann abgeschlossen ist. Das entscheidet darüber, wie stressig oder entspannt und schön Ihr Leben als Hundehalter sein wird.

Die Umwelt erschließen Schritt für Schritt

Was möchten Sie Ihrem kleinen Vierbeiner alles zeigen? Mit was möchten Sie ihn vertraut machen? Erstellen Sie eine Liste zum Abhaken. Das ist sehr hilfreich. Haben Sie zum Beispiel ein Segelboot? Nehmen Sie Ihren Welpen mit auf hohe See. Soll er Sie im Fahrradkorb bei Ausflügen begleiten? Gewöh-

MEIN TIPP

Den Hund zu stärken, gelingt durch einen spannenden Alltag. Überlegen Sie sich kleine Mutproben, die der Welpe gut bewältigen kann. Schafft er es, unter dem Busch durchzulaufen oder über den schmalen Bach zu springen, stärkt das sein Selbstwertgefühl. Allerdings sollten Sie den Hund nicht vor unlösbare Aufgaben stellen. Solche Erfahrungen prägen sich negativ ein. Das richtige Maß an Herausforderung zu finden, braucht Feingefühl. Gelingt es Ihnen, den Hund zu fordern, ohne ihn zu überfordern, wird er neugierig und mutig werden.

nen Sie ihn so früh wie möglich daran. Zeigen Sie ihm Ihre Welt, Ihre Hobbys und Abenteuer im Alltag.

Hier eine exemplarische Prägungs-Liste, die Sie um Ihre individuellen Lebensumstände ergänzen können.

- An Halsband, Geschirr und Leine gewöhnen
- Den Welpen ans Autofahren gewöhnen
- Besuch beim Tierarzt
- Andere Hunde/Hunderassen kennenlernen
- Menschen (im Rollstuhl, mit Krücken, mit dunkler Hautfarbe, mit Kopftuch, mit Hut, mit Helm) kennenlernen, je vielfältiger, desto besser
- Menschenansammlungen erleben (zum Beispiel ein Wochenmarkt, Fußgängerzone in der Stadt)
- Die Geräuschkulisse auf dem Pausenhof/Spielplatz
- Ein Besuch im Café/Restaurant/Biergarten
- Straßenverkehr allgemein (→ Seite 70)
- Besuch bei Freunden (Essen, Grillparty)
- Spaziergang Wald/Feld, am Meer/Fluss/See/Teich
- Verschiedene Tierarten (Bauernhof/Wildgehege)
- An Alltagsgeräusche gewöhnen (Staubsauger, einen Deckel/Löffel auf den Boden fallen lassen)
- Laufen über verschiedene Untergründe (Kies, Sand, Holz, Lüftungsgitter)
- An einer flatternden Plane vorbeigehen
- Fahren mit dem Aufzug
- Treppen steigen lernen (→ Seite 70)
- Bus/S-Bahn/Zug fahren

Viele Erlebnisse ergeben sich aus dem normalen Alltag. So wird die Autofahrt vom Züchter in das neue Zuhause wahrscheinlich die erste Fahrt im Leben des Welpen sein. Vielen Hunden wird es im Auto schlecht, deshalb ist es sehr wichtig, ihn daran zu gewöhnen. Der Welpe sollte früh die Erfahrung machen, dass nach dem Autofahren etwas Schönes passiert. Am besten fährt er in einer gesicherten Box. Auch Anschnallen auf dem Rücksitz ist möglich, ebenso der Transport im Kofferraum mit Gitter.

Gewöhnen Sie Ihren Hund an den Tierarzt mit einem ersten Termin – am besten – ohne Untersuchung oder Behandlung. Freundliche Arzthelferinnen, die liebe Worte und Leckerli parat haben, und ein Doc, der ihm ein paar wohlwollende Streicheleinheiten gönnt, werden Ihrem vierbeinigen Freund in guter Erinnerung bleiben. Der später notwendige erste Piks bei der Impfung wird dann nur noch als halb so schlimm empfunden. Die meisten Tierärzte machen das gern, erleichtert es ihnen doch selbst später den Umgang mit dem Patienten.

1. Du schaffst das! Dieser Welpe wagt sich über das ihm unbekannte Hindernis.

2. Bei so viel Mut hat sich der kleine Vierbeiner seine Belohnung mehr als verdient.

DER SENSIBLE

DIE GESCHICHTE VON BEN

Ben, ein Mischlings-Welpe, hatte bisher kein schönes Leben. Bevor er nach Deutschland kam, fristete er sein Leben als rumänischer Straßenhund. Erst seit drei Wochen lebt er nun bei einem älteren Ehepaar, das ihn aufgenommen hat. Ben ist ein eher unsicherer Hund, der jeden seiner Schritte stets abzuwägen scheint. Er erschreckt sich bei lauten Geräuschen, wagt sich dann aber auch wieder vor und erkundet vorsichtig, woher der Knall wohl kam. Fremde Menschen findet er eher furchteinflößend. Ben bleibt stets dicht bei Frauchen und Herrchen. Er stellt sich hinter sie und sucht Schutz bei ihnen. Im Haus ist er anhänglich und verschmust. Wenn sich Besuch ansagt, zieht er sich lieber in seine sichere Hundebox zurück.

EIN TAG MIT BEN

5.50 Uhr: Ich höre ein kurzes Fiepen, quäle mich aus dem Bett, nehme Ben hoch und bringe ihn auf seinen Toilettenplatz. Sofort macht er ein Bächlein. Das war's.

6.05 Uhr: Im Haus läuft Ben ein wenig auf und ab. Ich koche Kaffee.

6.20 Uhr: Ben ist unruhig. Muss er schon wieder? Ja, tatsächlich.

6.30 Uhr: Ich bringe meiner Frau eine Tasse Kaffee ins Schlafzimmer. Ben darf zum ersten Mal mitkommen. Er ist wie gewohnt sehr vorsichtig, wirkt aber dennoch neugierig. Als er meine Frau bemerkt, springt er freudig ins Bett – so war das eigentlich nicht gedacht.

6.45 Uhr: Ich mache Frühstück. Ben spielt entspannt. Während wir frühstücken, schläft Ben auf den Fliesen in der Küche ein.

7.20 Uhr: Meine Frau war noch mal mit ihm draußen.

7.30 Uhr: Wir sitzen gemeinsam auf dem Teppich und spielen mit Ben. Danach bringen wir ihn ins Welpenzimmer. Das akzeptiert er sofort.

8.05 Uhr: Als ich mit dem Staubsauger ins Wohnzimmer zurückkehre, wird Ben wach. Er jault und zieht sich in seine Box zurück.

8.30 Uhr: Ben ist nun endgültig wach. Auf seinem Toilettenplatz erledigt er beide Geschäfte.
8.45 Uhr: Meine Frau legt Ben das Geschirr an. Diese Prozedur klappt mittlerweile problemlos. Wir nehmen ihn auf den Arm, verlassen das Haus und setzen ihn nach etwa 30 Metern auf den Boden. Er sieht sich mit angelegten Ohren um, geht aber mit uns. Wir sitzen an der Bushaltestelle, Ben zwischen unseren Beinen. Alles gut. Dann kommt der Bus und hält mit einem Zischen an. Ben weicht entsetzt zurück. Ich nehme ihn auf den Arm, gehe ein paar Schritte weg vom Bus und lasse ihn schauen. Ich spüre, wie er sich langsam beruhigt.
9.30 Uhr: Wieder zu Hause, bringen wir Ben ins Welpenzimmer. Er schläft sofort ein.
11.10 Uhr: Ben streckt sich, gähnt herzhaft, steht auf und läuft zum Wassernapf. Danach bringe ich ihn zum Toilettenplatz. Ben ist unternehmungslustig. Er tobt durch die Wohnung, wir sehen ihm belustigt zu.
11.30 Uhr: Es klingelt an der Haustür – ein Paketbote. Als er unseren Kleinen anspricht, zieht sich Ben sofort in seine Box zurück.
12.15 Uhr: Ben frisst, und danach geht es sofort zum Toilettenplatz. Erfolgreich!
12.30 Uhr: Ben macht noch ein Nickerchen.
14.25 Uhr: Ben wacht auf, ich bringe ihn raus. Er tollt durch den Garten, bis der Nachbar den Rasenmäher anschaltet. Unser Sensibelchen rennt ins Haus zurück. Wir bleiben draußen. Nach kurzer Zeit wagt Ben sich vorsichtig wieder zu uns.
15.15 Uhr: Ben macht im Haus ein Schläfchen.
16.00 Uhr: Auf geht's mit dem Auto zur Hundeschule. Wir besuchen zum zweiten Mal die Welpengruppe. Ben wirkt immer noch leicht eingeschüchtert. Doch dann wagt er sich aus dem Schutz unserer Beine hervor und beginnt mit einem ebenfalls eher schüchternen Welpen zu spielen. Später stehen noch verschiedene Mutproben auf dem Programm, wie über eine Wackelbrücke laufen und durch einen Tunnel gehen. Mit unserer Hilfe meistert Ben alles.
17.30 Uhr: Auf der Rückfahrt schläft Ben sofort ein.
18.05 Uhr: Ich füttere ihn im Welpenzimmer. Danach rollt Ben sich zusammen und verschläft den Abend.
22.50 Uhr: Meine Frau lässt ihn ein letztes Mal raus und spielt noch mit ihm. Heute schläft sie wieder neben ihm auf dem Sofa.

1. Ben ist ein liebenswerter, sehr sensibler Hund. Als Straßenhund musste er stets vor allerlei Gefahren auf der Hut sein. Das hat ihn geprägt.

2. Inzwischen hat Ben ein schönes Zuhause gefunden. Er ist zutraulich und genießt die Streicheleinheiten seiner Menschen.

FREMDE ERWACHSENE HUNDE

Als Erstes möchte ich hier mit dem viel beschworenen Mythos des Welpenschutzes aufräumen. Gemeint ist damit, dass Welpen bei erwachsenen Vierbeinern eine gewisse Narrenfreiheit haben und diese ein respektloses Verhalten der Kleinen ihnen gegenüber großzügig dulden. Doch Vorsicht, einen generellen angeborenen Welpenschutz gibt es nicht. Eventuell genießen Welpen im eigenen Rudel eine etwas höhere Toleranzgrenze, ebenso bei Hunden, die an Welpen gewöhnt sind.

Ein traumatisches Erlebnis

Verlassen Sie sich also bitte nicht darauf, dass Ihr Welpe von älteren Hunden verschont wird beziehungsweise nicht verletzt wird, nur weil er jung ist. Solche Begegnungen können böse für Ihren Vierbeiner enden. Denn es gibt eine Menge Hunde, die Welpen alles andere als niedlich finden. Sie reagieren über, wenn ihnen so etwas Kleines, Aufdringliches in die Quere kommt. Viele dieser Begegnungen enden beim Tierarzt. Und der Welpe hat dann eine sehr schlechte Erfahrung in dieser sensiblen Phase gemacht. Dieses schlimme Erlebnis kann prägend für ein ganzes Hundeleben und irreversibel sein. Darüber hinaus kann das gerade entstandene Vertrauensverhältnis zu Ihnen erschüttert sein. Aus Sicht des jungen Vierbeiners haben Sie Ihren Job nicht gemacht. Sie haben ihn nicht beschützt.

Kontakte zu gut sozialisierten Artgenossen

Wenn bei einer Begegnung von Welpen und erwachsenen Hunden nichts passiert, die beiden vielleicht sogar zusammen spielen, haben Sie dennoch ein falsches Signal gesetzt. Sie bringen dem Kleinen gerade bei, dass es völlig in Ordnung ist, von Ihnen wegzulaufen, kaum dass ein anderer Hund in Sichtweite kommt. Ich möchte jedoch, dass Ihr Hund bei Ihnen anfragt, ob er zu einem Artgenossen laufen darf oder nicht. Dazu später mehr (→ Blickkontakt, Seite 118). Hier wird häufig bereits der Grundstein für dieses nicht erwünschte Verhalten gelegt.

Dennoch sollte der Welpe Kontakt mit gut sozialisierten erwachsenen Hunden haben. Dazu müssen Sie jedoch sicher sein, dass der betreffende Vierbeiner tatsächlich diesen Ansprüchen gerecht wird und mit Welpen umzugehen weiß. Diffusen Aussagen

Alt und jung. Diese beiden verstehen sich prächtig. Doch selbstverständlich ist das nicht. Erwachsene Hunde, ohne Welpenerfahrung, können den Kleinen gefährlich werden.

von Hundehaltern, wie »Die machen das alles unter sich aus«, sollten Sie keinesfalls Glauben schenken. Gut sozialisiert heißt übrigens nicht, dass der Erwachsene sich alles von dem Jungspund bieten lässt. Im Gegenteil, wird der Kleine zu heftig, wird der Althund unmissverständlich ausdrücken, dass ihm das zu viel ist. Ihr Kleiner wird schreien und Ihr Herz bluten. Aber Ihr Welpe hat wieder eine wertvolle Lektion fürs Leben erhalten. Beim nächsten Mal wird er zurückhaltender und höflicher sein.

UMWELT ERFAHREN LEICHT GEMACHT

In bestimmten Situationen, etwa wenn Sie unterwegs sind und Ihnen ein frei laufender erwachsener Vierbeiner entgegenkommt, oder wenn Sie merken, dass Ihr Welpe sehr verunsichert ist, können Sie den Welpen auf den Arm nehmen und ihn so beschützen beziehungsweise ihm von hier aus die Welt zeigen. Gerade **die Sensiblen**, aber auch **die Gemütlichen** werden von oben in völliger Sicherheit und stressfrei Neues lernen können. Es gibt aber durchaus Situationen, die der Welpe auf seinen eigenen Pfoten erleben muss. Zum Beispiel das Lüftungsgitter auf Ihrem Arm zu sehen, statt es zu spüren, hat für den Welpen keinen Lerneffekt.

Für das Gewöhnen an den Straßenverkehr ist zunächst einmal ein gut sitzendes Geschirr wichtig (→ Seite 27 und 51). Bekommt der Welpe nämlich Angst und kann sich aus dem Geschirr herausziehen, hat das nicht selten schlimme Folgen. Nähern Sie sich mit dem Welpen langsam der Straße. Sobald Sie merken, dass er unsicher wird, fordern Sie ihn dazu auf, Sie anzuschauen (→ Blickkontakt, Seite 118). Tut er das, wird er mit einem Leckerchen belohnt. Geben Sie Ihrem Welpe Zeit, sich in Ruhe umzuschauen. Gehen Sie jetzt ruhig weiter. Wenn Sie an den Straßenrand kommen, setzen Sie sich beispielsweise an der Bushaltestelle oder auf eine Bank mit ihm hin und schauen sich gemeinsam mit ihm den Verkehr an. Ist Ihr Welpe aufmerksam und achtet auf Sie, belohnen Sie sein Verhalten (→ Seite 112).

Wichtig! Versuchen Sie, nicht selbst zu erschrecken, wenn plötzlich der Bus kommt, ein Lkw um die Ecke donnert oder ein Motorrad aufheult. Sie sind der Sicherheitsanker für Ihren Welpen und müssen Gelassenheit zeigen. Bleiben Sie nur ein paar Minuten an der Haltestelle oder auf der Bank sitzen. Dann gehen Sie wieder weiter. Sind Sie an diesem Tag nicht bis zur Straße gekommen, weil der Welpe Panik bekommen hat, versuchen Sie es am nächsten Tag erneut. Gehen Sie in jedem Fall behutsam vor.

Etwa in der belebten Fußgängerzone oder wenn ein unangeleinter erwachsener Hund auf Ihren kleinen Liebling zuläuft, dürfen Sie ihn auf den Arm nehmen und tragen.

Auch zu Hause können Sie Ihren kleinen Vierbeiner bei vielfältigen Umwelterfahrungen fördern und unterstützen (→ Prägungs-Liste, Seite 65). Lassen Sie ihn zum Beispiel über verschiedene Untergründe laufen. Das kann etwa eine knisternde Isolierfolie aus dem Erste-Hilfe-Kasten sein. Er darf auch unter die Folie kriechen, oder er wird darin hochgehoben. Im Garten bietet sich vielleicht ein Kiesweg an oder ein Holzsteg am Gartenteich. Selbst Schubkarre fahren hat, so banal es klingt, einen Lerneffekt für den Vierbeiner. Er lernt, sich an schwankende Objekte und Untergründe zu gewöhnen. Kreativität zahlt sich aus. Für den Welpen sind es jeweils kleine Abenteuer, die seinen Erfahrungsschatz erweitern, und Ihnen bringt es viel Freude, Ihrem Welpen etwas zu vermitteln.

Ein Wort zum Treppensteigen

Ebenso wie der angebliche Welpenschutz, den junge Vierbeiner bei erwachsenen Artgenossen genießen, hält sich auch hartnäckig das Gerücht, Welpen dürften bis zu ihrem sechsten Lebensmonat keine Treppen laufen, sondern müssten getragen werden. Dabei ist es so wichtig, dass Welpen das Treppensteigen – wie alles andere – von klein auf lernen. Allerdings ist das Begehen von offenen Treppen, Wendeltreppen und Gittertreppen besonders schwierig für einen Welpen. Und einmal angenommen, Sie wohnen in der vierten Etage ohne Aufzug, ist es natürlich selbstverständlich, dass der Hund nicht mehrmals am Tag die gesamten Stufen rauf und runter laufen darf. Aber man muss den Welpen anleiten. Und wenn er lediglich mehrmals am Tag ein paar

Stufen läuft, wird das nicht gleich seine Knochen und Gelenke ruinieren. Denken Sie nur daran, wie wild Welpen miteinander toben und raufen – da sind ein paar Treppenstufen kein Grund zur Sorge. Übrigens ist das Hochlaufen der Treppe gesünder als das Hinunterlaufen. Bei Letzterem müssen Schultern und Ellbogen das komplette Gewicht abfangen.

GUT DING WILL WEILE HABEN

Gleich, was Sie dem kleinen Vierbeiner gerade beibringen möchten: Es ist wichtig, dass Sie ein Gefühl dafür entwickeln, wann der Welpe etwas wirklich verstanden hat. Ist das offensichtlich noch nicht der Fall, wiederholen Sie die jeweilige Situation, bis sie für den Welpen kein Thema mehr darstellt.

Arbeiten Sie am besten jeden Tag einen Punkt auf Ihrer Prägungs-Liste ab (→ Seite 65). Noch einmal, die Prägephase ist kurz, aber der Welpe darf nicht überfordert werden. Der Hund braucht genügend Zeit, die neuen Eindrücke zu verarbeiten. Fahren Sie zum Beispiel an einem Tag mit Ihrem Welpen in die

Auch das Spielen und Toben mit anderen Welpen ist eine wichtige Erfahrung für Ihren kleinen Vierbeiner. So lernt er den Umgang mit seinesgleichen.

GUT ZU WISSEN

Auf Spaziergängen begegnet der Welpe anderen Hunden. Und längst nicht alle Artgenossen sind auf kleine Wirbelwinde gut zu sprechen. Macht der Welpe in seinen ersten Wochen eine schlechte Erfahrung, weil er aggressiv angegangen oder gebissen wurde, prägt sich das tief ein und erschüttert ihn nachhaltig.

HUNDEBEGEGNUNG OHNE RISIKO

Ersparen Sie Ihrem Welpen solche negativen Erlebnisse. Das gelingt folgendermaßen: Sobald Sie einen Ihnen unbekannten frei laufenden Hund sehen, holen Sie den Welpen über die Trainingsleine zu sich heran. Das ist das erste Signal, das Sie vor allem in Richtung des anderen Hundehalters senden. Dessen Pflicht ist es nun eigentlich, seinen Hund ebenfalls unter Kontrolle zu bringen. Bleibt der andere Hund jedoch immer noch frei und haben Sie das Gefühl, die Begegnung würde nicht gut verlaufen, gehen Sie in die Hocke und geben Ihrem Welpen so Schutz. Sollten Sie den Eindruck haben, der fremde Hund ist sehr steif und angespannt, dürfen Sie Ihren Kleinen durchaus auch auf den Arm nehmen. Dieser Schritt ist umstritten. Manch ein Hundetrainer rät davon ab mit der Begründung, das Hochnehmen könne beim Welpen Angst schüren. Ich vertrete eine andere Meinung. Für mich ist es die wichtigste Pflicht, den Welpen zu schützen – und deshalb ist das Hochnehmen in dieser brenzligen Situation angebracht.

KURZ ZUSAMMENGEFASST

- Kommt Ihnen und Ihrem Welpen ein frei laufender unbekannter Hund entgegen, holen Sie Ihren Vierbeiner zu sich heran.
- Beobachten Sie das Verhalten des fremden Hundes und dessen Besitzers.
- Bleibt der Vierbeiner unangeleint und wirkt zudem angriffslustig, gehen Sie zu Ihrem Welpen in die Hocke oder nehmen ihn auf den Arm.

Keine langweilige Gassirunde, sondern ein Abenteuerspaziergang im Wald – das macht Laune. Durch raschelndes Laub laufen und über einen Ast springen erweitern zudem den Erfahrungsschatz des Welpen.

Stadt. Sie sollten dann auf keinen Fall gestresst sein. Sie tun dies nur für Ihren Welpen, ohne den Druck, unbedingt etwas erledigen zu müssen. Auf Ihrem Arm darf er sich nun alles anschauen, während Sie gelassen durch die Fußgängerzone schlendern. Auch wenn Sie den Eindruck haben, hier passiert ja gar nichts, läuft bei Ihrem Welpen mental eine Menge ab. Denn in diesem Alter geht es ja eben nicht um körperliche Auslastung, sondern vielmehr um Gewöhnung und Konfrontation mit all den Dingen, mit denen der erwachsene Hund später im Alltag zurechtkommen muss.

DIE WELPENGRUPPE

In den vergangenen Jahren sind immer mehr Welpengruppen oder Welpentreffs ins Leben gerufen worden. Ob ich solche Gruppen empfehle, hängt stark mit der Art und Weise der Gestaltung zusammen. Denn es gibt sehr gute Gruppen, die wirklich hilfreich sind und viel Freude für Hund und Mensch bereiten. Aber auch solche, die mehr schaden als nützen. Grundsätzlich ist es gut, wenn Ihr Welpe mit gleichaltrigen verschiedenen Hunderassen Kontakt hat. Das Spielverhalten der einzelnen Rassen kann stark variieren, und die Welpen lernen, mit vielen verschiedenen Artgenossen umzugehen. Dennoch sollte aber zum Beispiel der neun Wochen alte Dackel nicht mit dem 14 Wochen alten Neufundländer spielen. Gegen den Dackel ist der Neufundländer ein Riesenbaby. Selbst wenn der Neufundländer es nicht böse meint, aber seine »Pranke« auf dem Dackelrücken wird dem Dackelwinzling so gar nicht behagen und führt schlimmstenfalls zu Verletzungen.

Wenn Sie auf der Suche nach einer geeigneten Welpengruppe sind, achten Sie auf Folgendes:

→ Es sollten nicht mehr als fünf, höchstens sechs Welpen von einer Trainerin oder einem Trainer betreut werden. Größere Gruppen sind unübersichtlich und dann oft nicht mehr zu bändigen.
→ Sie müssen die Möglichkeit haben, Fragen zu stellen und Anworten zu erhalten. Von Vorteil ist auch, wenn Ihnen ein wenig Theorie und Praxis für welpenrelevante Themen vermittelt wird.
→ In einer seriös geführten Welpengruppe achten der oder die Trainer darauf, dass kein Welpe über-

Fühlt sich Ihr kleiner Vierbeiner in der Welpengruppe unsicher, darf er zwischen Ihren Beinen Schutz suchen. Das gibt ihm Sicherheit.

oder unterfordert ist. Denn ein Welpe, der im vermeintlich lustigen Spiel stets gejagt wird oder beim spielerischen Raufen immer unten liegt – also das Opfer ist –, bekommt auf diese Weise die falschen Signale. Und ein Welpe, der immer die Oberhand hat, ebenso. Macht der Welpe dagegen beide Erfahrungen, lernt er etwas für sein Leben.

- → Eine gute Welpengruppe zeichnet sich auch dadurch aus, dass nicht eine Stunde am Stück gespielt wird. Dies würde nämlich dazu führen, dass die Welpen am Ende völlig überdrehen und mit der Situation schlichtweg überfordert sind. Vielmehr sollte immer wieder auf Ruhe und Entspannung, auch in Anwesenheit anderer Hunde, geachtet werden.
- → Wenn Sie gebeten werden, Ihren Welpen kurzzeitig aus dem Spiel zu nehmen, ärgern Sie sich nicht. Trainerin oder Trainer haben hier erkannt, dass Ihr Welpe eine Auszeit braucht
- → Es sollte selbstverständlich sein, dass Sie Ihrem Welpen Schutz gewähren dürfen, wenn ihm alles zu viel wird. Er darf sich zwischen Ihre Beine setzen. Sie dürfen die anderen Welpen auf Abstand halten, bis Ihr Kleiner sich wieder hervorwagt und erneut ins Spiel tapst. Ich beobachte das in unseren Welpengruppen in der Hundeschule übrigens als einen schönen, verbindenden Moment zwischen Mensch und Hund.
- → Wenn in einer Welpengruppe ein gut sozialisierter Althund als Co-Trainer mitläuft und außerdem spannende, welpengerechte Geräte zur Prägung vorhanden sind, ist das ebenfalls von Vorteil.

Kleine Abenteuer zwischen Mensch und Welpe

Besonders empfehlenswert ist es, wenn – neben kleinen Spieleinheiten der Welpen untereinander – auch Abenteuer zwischen Mensch und Welpe stattfinden. Kleine Mutproben sind wunderbar, um das Vertrauen zu stärken. Der Welpe kann in einen Kreis von Menschen hineingerufen werden, er kann sich durch einen Tunnel wagen, an dessen Ende Sie auf ihn warten, oder neue Untergründe ausprobieren.

Und auch Koordinations- und Gleichgewichtsübungen fördern die Beziehung zwischen Hund und Halter. Werden auch die Hundehalter in die Gruppe einbezogen, lernt der Welpe trotz der anderen Vierbeiner, sich auf Sie zu konzentrieren. Und diese Kompetenz kommt Ihnen im Alltag zugute.

Genau das Gegenteil passiert, wenn bei solchen Treffen ausschließlich getobt wird. Na klar gehört auch Action dazu, aber gerade am Ende und am Anfang des Zusammentreffens in der Gruppe, aber auch immer wieder zwischendurch sollten die Welpen zur Ruhe kommen. Startet die Welpengruppe direkt mit wildem Halligalli, wird Ihr kleiner Vierbeiner diese Erfahrung abspeichern und bei der nächsten Stunde schon auf dem Parkplatz lostoben wollen. Im schlimmsten Fall überträgt er diese Erfahrung

In der Welpengruppe können die Hunde miteinander spielen – solange es auch genügend Ruhezeiten gibt.

in jede Hundebegegnung und ist – sobald Artgenossen aufkreuzen – gar nicht mehr ansprechbar. Wie so oft im Leben, die richtige Mischung macht's. Toben, ausruhen, spielen, sich konzentrieren. So werden solche Treffen zu einem großen Gewinn im Lernprozess und im Heranwachsen, für Sie und Ihren kleinen vierbeinigen Freund.

DIE ORALE PHASE: WARUM WELPEN ALLES INS MAUL NEHMEN

Babys und Kleinkinder erkunden ihre Umwelt, indem sie sich alles Mögliche in den Mund stecken, um es zu testen, überprüfen und zu schmecken. Ebenso macht es der Welpe, denn mit der Zunge kann man nicht nur schmecken, sondern auch wunderbar tasten. Die orale Phase ihres Hundekinds beschäftigt viele Welpenhalter, denn sie machen sich oft große Sorgen darüber, dass ihr vierbeiniger Liebling etwas Unbekömmliches oder gar Giftiges aufnimmt.

Bewahren Sie Ruhe!

Bleiben Sie gelassen – selbst wenn der Welpe unterwegs alles, was nicht niet- und nagelfest ist, ins Maul nimmt. Die meisten Dinge sind nicht gefährlich. Und Steine, Blätter, ja vielleicht auch mal ein Stück Müll, spuckt der Hund nach der Erkundung im Maul wieder aus. Oft spielt er kurzzeitig mit einer Feder oder einem Grasbüschel, schüttelt die »Beute« tot und verliert dann das Interesse. Schauen Sie dem Wildfang belustigt zu. Sein Verhalten ist, wie der Name schon sagt, nur eine Phase im Hundeleben. Sie geht umso schneller vorüber, je mehr es Ihnen gelingt, so wenig Aufhebens wie möglich um sie zu machen. Wenn Sie jedoch immer sofort angelaufen kommen, sobald der Welpe einen Gegenstand im Maul hat, entwickeln Sie aus Hundeperspektive ein äußerst spannendes Spiel, das ihm – aber ganz sicher nicht Ihnen – vielleicht bis ins hohe Hundealter eine Riesenfreude bereiten wird.

Die Herausforderung für Sie ist es also auch in diesem Fall wieder einmal, möglichst unaufgeregt zu bleiben. Dennoch sollten Sie den Welpen, während Sie unterwegs sind, aufmerksam beobachten. Giftköder und Glasscherben sind der Schreck aller Hundehalter, aber auch beispielsweise Zigarettenkippen oder Vergammeltes können der Gesundheit Ihres vierbeinigen Lieblings schaden. Ich finde es sehr hilfreich, die alltäglichen Spazierwege genau zu kennen. Eine Bank zum Verweilen, unter der Kippen liegen, können Sie meiden. Ebenso den Gehweg direkt vor dem Schulhof, wo sich leider oft auch allerhand Müll ansammelt.

Die Kontrolle behalten

»Scannen« Sie die Umgebung, wenn Sie mit Ihrem Welpen unterwegs sind. Versuchen Sie, Fressbares vor Ihrem Hund zu entdecken, und lotsen Sie ihn daran vorbei.

Hat der Welpe etwas aufgenommen, können Sie einen Schritt zulegen. Ihr Signal an ihn: Für so etwas haben wir keine Zeit. Wenn du dich mit Müll beschäftigst, läufst du Gefahr, mich zu verlieren. Ich bin ein Verfechter der Handfütterung (→ Seite 84). Wenn Sie sich ebenfalls dazu entschieden haben, legt der Welpe beim Thema Fressen ohnehin einen starken Fokus auf Sie. Seine Erwartung auf Fressbares wird er ganz eng mit Ihnen verknüpfen.

Dennoch kann es passieren, dass Ihr Welpe unbekömmliche Beute macht, beispielsweise einen alten Dönerrest findet, weggeworfene Brötchen oder Ähnliches. Würden Sie nun panisch auf Ihren kleinen Racker zurennen, was würde passieren? Was lernt er? Er wird seine Beute so schnell wie möglich hinunterschlingen, um sie vor Ihnen in Sicherheit zu bringen. Oder er rennt damit weg, was durchaus ein normales hündisches Verhalten ist. Was man erbeutet hat, gibt man nicht gern wieder her. Wenn Sie sehr schnell sind, können Sie Letzteres vielleicht mit einem beherzten Tritt auf die Trainingsleine verhindern. Aber sind wir ehrlich, wahrscheinlicher ist es jedoch, dass Sie zweiter Sieger bleiben, da Ihr Liebling deutlich schneller ist als Sie. In jedem Fall wird der Kleine etwas lernen, das Sie nicht möchten.

Insgesamt sollte man hier am besten nichts dem Zufall überlassen. Inszenieren Sie solch eine Situation, indem Sie, unbemerkt von Ihrem vierbeinigen Freund, beispielsweise ein Stück Trockenpansen fallen lassen. Der Welpe findet es und darf es kurzzeitig behalten. Dann gehen Sie in die Hocke, breiten die Arme aus, laden ihn mit freundlicher Stimme zu sich ein und freuen sich mit ihm über diesen tollen Fund. Sanft nehmen Sie es ihm weg, betrachten es begeistert und geben es ihm wieder. Auf diese Weise behalten Sie die Kontrolle. Im Ernstfall, eben dann, wenn der Welpe etwas Unbekömmliches gefunden hat, wie zum Beispiel einen Dönerrest, verhalten Sie sich dann ebenso freundlich wie im Training, aber der Kleine bekommt die Beute nicht zurück.

Achten Sie beim Spaziergang darauf, dass der Welpe nichts Giftiges oder Unbekömmliches frisst. Glücklicherweise kommt das jedoch nicht allzu oft vor.

Unbekömmliches gefressen

Trotz aller Vorsicht kann es passieren, dass Ihr Welpe etwas Gesundheitsschädliches aufgelesen und verschluckt hat. Erstes Anzeichen einer Vergiftung ist in der Regel Erbrechen. Der Hund fühlt sich sichtbar unwohl. Wird der Bauch des Welpen hart, sollten Sie umgehend einen Tierarzt mit ihm aufsuchen.

Und auch das passiert in der oralen Phase: Ihr Hund verliert etwas aus dem Maul, obwohl er zuvor gar nichts aufgenommen hat? Was liegt denn da, weiß und spitz? Herzlichen Glückwunsch, Sie haben gerade einen Milchzahn entdeckt! Viele meiner Kunden behalten die Zähnchen als Andenken. Hundekinder werden ja so schnell groß!

HILFE! MEIN WELPE BEISST

Ach du Schreck, mein Hund beißt! Diese Phase der Entwicklung ist schmerzlich, im wahrsten Sinne des Wortes. Denn spitze Welpenzähne im Fleisch, die tun richtig weh, und manchmal fließt sogar Blut. Warum beißt der heiß geliebte Welpe plötzlich? Tatsächlich ist die sogenannte **Beißhemmung**, also ein dosiertes Greifen mit den Zähnen, nicht angeboren. Auch unter Welpen wird mitunter im Spiel zu fest zugebissen. Nach einer Schmerzäußerung des in Mitleidenschaft gezogenen Welpen ist das Spiel dann zunächst einmal unterbrochen. Auf diese Weise lernen die Welpen, wie fest sie zupacken können. Sie müssen Ihrem kleinen Vierbeiner nun zeigen, dass menschliche Haut deutlich dünner und verletzlicher ist als die seiner Artgenossen. Signalisieren Sie es ihm mit einem lauten »Aua«, wenn er Ihnen wehtut, und beenden Sie das Spiel sofort.

Die »dollen fünf Minuten«

Und dann rasten kleine Hunde auch gern mal so richtig aus. Party, Vollgas, ohne Rücksicht auf Verluste! Eigentlich müsste der Welpe müde sein, aber er düst durch die Wohnung, über die Couch, schnappt nach Händen und Beinen. »Welpenspinnen« ist angesagt! Doch woher kommt nur diese Energie nach einem eigentlich anstrengenden Tag? Wahrscheinlich rastet Ihr vierbeiniger Liebling genau deshalb so aus. Viele Welpen kompensieren nämlich auf diese Weise ihre Eindrücke. Das Erlebte lässt sie überdrehen.

Grundfalsch wäre, mit dem Hund zu schimpfen oder ihn in irgendeiner Weise beruhigen zu wollen, wenn er gerade seine »dollen fünf Minuten« hat. Der Welpe könnte es als Spielaufforderung missverstehen. In diesen Momenten ist im Hundekopf niemand zu Hause. Schauen Sie dem Treiben Ihres durchgedrehten Kleinen belustigt und gelassen zu, solange es geht. Beginnt er allerdings, über Tische und Bänke zu rennen oder sich in die Gardinen zu hängen, fangen Sie ihn undramatisch ein und setzen Sie ihn in sein Welpenzimmer oder in einen anderen Raum. Meist toben die Welpen zwei Minuten ekstatisch – um dann einfach umzufallen und tief und fest einzuschlafen. Schafft es Ihr Hund nicht, sich von allein wieder zu beruhigen, hilft ihm beim »Runterkommen« etwas zu kauen, zum Beispiel ein Stück Kaffeebaumholz (→ Seite 31). Kauen beruhigt und wird ihm helfen, sich zu entspannen. Auch in einer solchen Situation ist es für Sie wichtig, stets die Nerven zu behalten und ruhig, aber bestimmt zu agieren.

Und nun wird von Ihnen ein Verhalten eingefordert, das für die Hundeerziehung häufig von elementarer Bedeutung ist, aber viele Hundehalter leider nicht auf dem Schirm haben. Entziehen Sie sich dem Welpen. Statt auf ihn einzuwirken, lassen Sie ihn in Ruhe und geben ihm Raum, seine Selbstregulierung zu trainieren. Aber schauen Sie genau hin: Hat der Hund tatsächlich gerade seine »dollen fünf Minuten«, oder will er einfach nur ein wenig mit Ihnen toben? Möchte er Sie zum Spielen animieren, lassen Sie sich darauf ein. Zerren Sie mit ihm, haben Sie Spaß. Im Spiel ist alles erlaubt. Sowohl Sie als auch der Welpe dürfen gewinnen. Haben Sie Spaß mit dem Hund, das tut seiner Entwicklung und Ihrer gemeinsamen Bindung gut. Beißt er in Ihre Kleidung, lenken Sie seine Spielfreude auf ein Spielzeug um.

MEIN TIPP

Es gibt Welpen, die beißen bei jedem Leckerchen richtig fest zu. Keine Lust auf Welpenzähne in der Hand? Dann heißt es: Augen zu und durch. Wenn der Hund zubeißt, ziehen Sie Ihre Hand nicht aus dem Maul. Das würde nämlich den Schnappreflex unterstreichen. Halten Sie die Hand einen Moment im Maul und drücken Sie mit den Fingern auf die Zunge des Hundes. Das ist für ihn nicht angenehm und zeigt ein deutliches »Stopp«. Von nun an geben Sie das Leckerchen nur ab, wenn der Welpe es Ihnen »zärtlich« aus der Hand nimmt.

Manchmal ist ein ausgelassener Moment die größere Belohnung als ein Stückchen Futter. Seien Sie auch sensibel dafür, ob Ihr Welpe durch Ihre ständige Ansprache und viele Spieleinheiten nicht überbeansprucht wird. Finden Sie das richtige Maß.

Aktives Ignorieren

Wenn Ihr Welpe in einen so ekstatischen Zustand wie die »dollen fünf Minuten« gerät, können Sie dem mit der Taktik der »Aktiven Ignoranz« begegnen. Denn ein Verhalten, das dem Welpen keinen Erfolg bringt, wird früher oder später eingestellt. Falls der Kleine jedoch übergriffig wird, also zum Beispiel in Hände oder Hosenbeine beißt, geht das natürlich nicht mehr. Auch hier ist wieder etwas Bauchgefühl Ihrerseits vonnöten, an welcher Stelle Sie Ihr Verhalten ändern müssen.

Was bedeutet denn nun »Aktives Ignorieren«? In diesen Momenten bekommt der Welpe absolut keine Aufmerksamkeit mehr von Ihnen. Sie dürfen Ihren Kleinen weder ansprechen noch anschauen, ja, ihm noch nicht einmal den Körper zuwenden. Sie wenden sich eher ab und signalisieren körpersprachlich jetzt, dass Sie keinerlei Kontakt wünschen. Sie können auch kurzzeitig den Raum verlassen, um dem tobenden Winzling komplett die Aufmerksamkeit zu entziehen. Für viele, gerade Ersthundehalter wird das neue Familienmitglied schnell zum absoluten Mittelpunkt in ihrem Leben. Es bekommt ständig Bestätigung – sei es ein Blick, ein Wort oder eine Streicheleinheit. Schaut man sich an, wie es unter Hunden abläuft, wird man feststellen, dass erwachsene Hunde ihre Jungspunde häufig ignorieren. Rempeln diese die Alten an, wird kurz und heftig korrigiert. Natürlich spielen und kuscheln die Alten auch mit den Jungen. Deutlich sieht man, je weniger ein erwachsener Hund sich um einen Welpen kümmert, desto mehr wird er zum Idol für Letzteren. Wenn Sie nun für Ihren Hund ständig verfügbar sind, werden Sie unter Umständen uninteressant. Er bekommt alles, was er möchte, lebt in einer grenzenlosen Welt, die einem sozialen Wesen niemals guttut.

Also, versuchen Sie, Ihrem Welpen nicht ständig hinterherzurennen, und lassen Sie ihn bei bestimmten Dingen einfach mal machen. Denn wer sich rarmacht, um den wird sich bemüht, der ist interessant. Ihr Verhalten dem Hund gegenüber innerhalb Ihrer vier Wände steuert maßgeblich das Verhalten des Hundes draußen. Auch deshalb ist »Aktives Ignorieren« so wertvoll.

DER GEMÜTLICHE

DIE GESCHICHTE VON OSKAR

Oskar, ein Berner-Sennenhund-Welpe, soll ein richtiger Familienhund werden. Vor drei Wochen ist er bei seiner Menschen-Familie eingezogen, die aus den Eltern sowie drei Kindern zwischen 10 und 14 Jahren besteht. Alle sind inzwischen richtig erleichtert, denn sie hatten sich das Leben mit einem Welpen wesentlich aufregender und anstrengender vorgestellt. Doch Oskar hat sich problemlos und sehr schnell dem Familienalltag angepasst. Er liegt gern auf den kühlen Fliesen im Flur oder im Hof. Spazierengehen gehört nicht gerade zu seinen Lieblingsbeschäftigungen. Doch Oskar kann auch anders: Dann dreht er auf, will gern spielen, rennt durch den Garten und buddelt mit Leidenschaft.

EIN TAG MIT OSKAR

6.30 Uhr: Heute ist Sonntag. Mein Mann und die Kinder schlafen noch. Doch Oskar ist hellwach und scheint mal zu müssen. Ein Hoch auf unseren Garten, Geschäft erledigt.
6.40 Uhr: Während Oskar in Ruhe frisst, habe ich Zeit für eine Tasse Tee. Oskar legt mir nach seinem Frühstück ein Spielzeug vor die Füße. Wir toben ein bisschen.
6.45 Uhr: Oskar ist wieder eingeschlafen.
7.30 Uhr: Als Oskar aufwacht, lasse ich ihn raus. Ich beobachte ihn vom Küchenfenster aus. Er pinkelt und erkundet den Garten.
7.40 Uhr: Oskar liegt auf einem Laubhaufen – und schläft schon wieder!
8.10 Uhr: Oskar kommt ins Haus getrottet. Ob er eben draußen sein Geschäft verrichtet hat? Vorsichtshalber bringe ich ihn auf seinen Toilettenplatz und warte und warte … Oskar schaut mich verständnislos an. Wir gehen ins Haus.
8.20 Uhr: Wir liegen zusammen auf dem Teppich und kuscheln.
9.00 Uhr: Mein Mann und die Kinder sind wach. Oskar wedelt vor Freude mit dem Schwanz, als er sie sieht.

1. Am liebsten liegt Oskar auf einem Platz, der ihm eine gute Übersicht bietet. Von hier aus beobachtet er in Ruhe, was sich um ihn herum so alles tut.

2. Genug gesehen. Und schon fallen Oskar die Augen zu. Ein ausgiebiges Schläfchen kann nie schaden. Und danach gibt's Mittagessen.

3. Frauchen hat darauf bestanden, einen kleinen Spaziergang mit Oskar zu machen. Aber jetzt ist Gott sei Dank wieder Pause angesagt.

9.30 Uhr: Die Kinder laufen gemeinsam mit Oskar hinaus in den Garten und toben mit ihm. Nach 20 Minuten kommt die Truppe wieder ins Haus, und Oskar schläft auf der Stelle ein.

10.40 Uhr: Die Schlafmütze ist aufgewacht. Ich schicke eines der Kinder mit ihm raus.

10.55 Uhr: Wir bringen Oskar ins Auto und fahren ins Städtchen.

11.25 Uhr: Oskar hat die Ankunft verschlafen. Behutsam nehme ich ihn erst einmal auf den Arm. Als er wach wird, betrachtet er diese ihm völlig fremde Welt ganz unaufgeregt von oben. Ob er sich auf dem Boden genauso sicher fühlt? Ich setze ihn runter – und da bleibt er erst einmal. Die Kinder animieren ihn, ein wenig mitzulaufen.

11.45 Uhr: Wir gehen ein Eis essen. Im Eiscafé liegt Oskar unter unserem Tisch und schläft – trotz des Trubels um ihn herum. Ich nehme ihn auf den Arm, und wir gehen zurück zu unserem Auto. Erster Ausflug super geschafft!

12.15 Uhr: Zu Hause bekommt Oskar ein verspätetes Mittagessen.

12.25 Uhr: Und natürlich schläft Oskar im Anschluss wieder einmal erst eine Runde.

14.00 Uhr: Oskar ist wach geworden und wirkt richtig ausgelassen. Die Kinder laufen noch einmal mit ihm in den Garten und toben.

14.35 Uhr: Die Truppe kommt ausgepowert zurück ins Haus. Ich setze mich auf den Teppich und schmuse mit Oskar, der langsam wieder einschläft.

15.30 Uhr: Mein Mann kommt vom Joggen zurück. Oskar wird wach und freut sich. Anschließend gehen wir alle zusammen spazieren. Wieder einmal sind wir erstaunt, wie dicht Oskar bei uns bleibt.

16 Uhr: Zurück zu Hause, beginnt Oskar wie verrückt umherzurennen. Wir schauen belustigt zu. Aus vollem Lauf wirft er sich plötzlich hin und schläft mitten im Wohnzimmer ein.

18 Uhr: Oskar bekommt Abendessen. Mein Mann spielt noch ein wenig mit ihm.

18.15 Uhr: Ich lasse Oskar noch einmal für ein Geschäft in den Garten. Erfolgreich!

18.30 Uhr: Wir kuscheln alle auf der Couch. Oskar ist nicht mehr aus unserem Leben wegzudenken.

22.30 Uhr: Ich bringe Oskar noch einmal in den Garten. Ein ruhiger, schöner Tag geht zu Ende.

GESUNDE ERNÄHRUNG FÜR EINEN GESUNDEN KÖRPER

Ob der Welpe ausgewogen ernährt wird, sieht man ihm an: Er ist weder zu dick noch zu dünn, hat ein schönes, dichtes Fell und klare Augen. Nach seinen ausgiebigen Ruhephasen entdeckt er voller Energie die Welt.

DAS IST GUT FÜR DEN WELPEN

Was füttere ich, und wie füttere ich? Das sind zwei Fragen, die ich als Welpentrainer für essenziell halte. Gerade bei Welpen ist das ein extrem wichtiges Thema, da sie sich im Wachstum befinden und deshalb einen höheren Nährstoffbedarf haben, damit Knochen, Sehnen und Muskulatur sich optimal entwickeln können. Sich mit dem Futterangebot eingehend zu beschäftigen, zähle ich also zu einer wichtigen Aufgabe für Hundehalter. Denn mit der Ernährung legen Sie den Grundstein für Gesundheit und Wohlbefinden Ihres kleinen Vierbeiners.

Da gibt es zum Beispiel die Hundehalter, die es besonders gut meinen und ihrem Kumpel ein All-you-can-eat-Buffet einrichten. Und zwar »all day long«. Ein Hundenapf, der immer gefüllt ist, ist sicherlich gut gemeint, aber weder der Erziehung des Vierbeiners dienlich noch der Gesundheit des Tieres zuträglich. Der Hund, der eigentlich als Raubtier auf die Jagd geht, legt dann sein natürliches Verhalten in Bezug auf seine Fressgewohnheiten komplett ab. Er wird übergewichtig, faul und lässt sich nicht erziehen. Und wie will man einem ständig satten Tier Motivation zur Mitarbeit vermitteln? Wenn wir über Ernährung sprechen, reden wir also auch über Ihre Stellung, die Sie beim Füttern gegenüber Ihrem Hund einnehmen. Ein in meinen Augen echter Hundefreund betrachtet seinen Vierbeiner als Freund und Gefährten, aber auch als das, was er nun einmal ist: ein domestiziertes Raubtier. Wer sich dessen bewusst ist, wird auch das richtige Maß bei der Ernährung seines Hundes im Blick haben.

Diese mahnenden Worte bedeuten aber auch ein gutes Stück Entspannung. Keine Panik also, wenn der Hund einmal nicht frisst. Und auch beim Futtereinkauf können Sie Luft holen. Sie brauchen kein Futter, das verspricht, auf Alter, Rasse oder Farbe zugeschnitten zu sein. Schauen Sie sich die Inhaltsstoffe mit gesundem Menschenverstand an:

Wiegen Sie Ihren kleinen Vierbeiner regelmäßig. So können Sie sehen, ob er sich gesund entwickelt und weder zu dick noch zu dünn ist.

- → Wählen Sie ein Produkt, das wenig bis kein Getreide, aber einen hohen Fleischanteil enthält.
- → Mineralien und Vitamine sollten aus frischen Zutaten wie Gemüse, Früchten, hochwertigen Ölen und Kräutern bestehen.
- → Farbstoffe, Geschmacksverstärker oder gar Zucker haben in der Hundekost nichts zu suchen.

Ihr Welpe ist bereits an das Futter, das er beim Züchter oder im Tierheim bekommen hat, gewöhnt. Eine Umstellung der Ernährung auf ein neues Futter ist für den Verdauungstrakt des Tierkindes zunächst eine Herausforderung. Bei einer zu abrupten Futterumstellung reagiert der junge Hund häufig mit Durchfall. Und dann ist der Welpe nicht nur physisch, sondern auch psychisch angegriffen. Er würde sein neues Zuhause, das jetzt noch so ungewohnt und fremd für ihn ist, tatsächlich mit seinem Unwohlsein verknüpfen. Hunde sind sensibel, und

Trockenfutter ist die bequemste Art, den Hund zu füttern. Wählen Sie ein kaltgepresstes Futter. Das kann der Welpe besser verdauen, weil es im Magen nicht so starkt aufquillt.

gerade negative Erfahrungen prägen stark. Auch die Stubenreinheit würde sich durch das Unwohlsein stark verzögern (→ Seite 39). Denn mit Durchfall und Magenkrämpfen kann der Hund beim besten Willen nicht lernen, bis zum Toilettenplatz einzuhalten. Suchen Sie also ein Futter gut aus und gewöhnen Sie den Hund nur langsam um.

DIE VERSCHIEDENEN FÜTTERUNGSARTEN

Grundsätzlich gibt es drei verschiedene Möglichkeiten, Hunde zu ernähren: das sogenannte BARF, Feuchtfutter und Trockenfutter.

BARF, das bedeutet »Biologisch Artgerechtes Rohfutter«. Eine typische BARF-Mahlzeit setzt sich aus rohem Fleisch und Innereien, ungekochtem Obst und Gemüse sowie hochwertigen Ölen, Kräutern und Mineralstoffen zusammen. Auch rohe Knochen gehören immer mal wieder in eine BARF-Mahlzeit, um die Kalziumversorgung zu gewährleisten. Zu warnen ist hier ausdrücklich vor rohem Schweinefleisch. Dieses kann den Erreger der Aujeszkyschen Krankheit enthalten, die für Hunde tödlich ist. Für diese artgerechte Form der Hundeernährung brauchen Sie jedoch zwei Dinge: das nötige Wissen und eine große Tiefkühltruhe. Auch bei uns in der Hundeschule ist der BARF-Trend voll eingeschlagen. Wer sich jedoch nicht ausführlich mit BARF beschäftigt und auf ausgewogene Nährstoffverhältnisse im Futter achtet, kann schlimmstenfalls eine Mangelernährung bei seinem Welpen hervorrufen. Sicherheit verspricht sogenanntes »Fertigbarf«, also durchgewolftes Fleisch, in dem alle wichtigen Nährstoffe enthalten sein sollten. Je nach Hersteller kann die Futterqualität – wie auch beim Feuchtfutter – hochwertig sein oder eben nicht. Ein Vergleich der Inhaltsstoffe lohnt sich immer.

Feuchtfutter ist ebenfalls eine natürliche Art der Hundeernährung, denn die Vierbeiner sind von Natur aus sogenannte Schlingfresser, und das Feuchtfutter rutscht gut. Auch hier sollte man auf eine gute Qualität und die Zusammensetzung achten. Feuchtfutter ist außerdem leichter verdaulich als Trockenfutter. Übrigens, auch Wölfe, die Ahnen unserer Haushunde, sind sogenannte Schlingfresser. Das heißt, sie schlingen ihr Fressen in großen, unzerkauten Brocken hinunter. In der freien Wildbahn macht das durchaus Sinn, denn nach dem Erlegen der Beute muss der Wolf schnell seine Mahlzeit verspeisen, bevor hungrige Konkurrenz auftaucht und ihm die Beute streitig macht. Oft würgen sie ihre Mahlzeit an einem sicheren Ort wieder hervor und fressen sie dort in Ruhe erneut. Und manch ein Hund zeigt trotz seiner Domestizierung ein ähnliches Verhalten.

Auch beim Fressen können Sie einiges über Ihren kleinen Vierbeiner erfahren. Neigt er zum hektischen Schlingen? Dann schaffen sogenannte Antischlingnäpfe Abhilfe. Diese Näpfe haben keinen glatten Boden, sondern erhabene Stellen, wie etwa Noppen oder Kurven. Sie zwingen den Welpen, langsamer zu fressen, denn er muss das Futter zwischen den Noppen oder aus den Kurven »herausangeln«. Weil die Mahlzeit nicht heruntergeschlungen wird, ist sie für den Welpen besser zu verdauen.

Trockenfutter kommt der Bequemlichkeit des Menschen sehr entgegen. Hier sollten Sie darauf achten, ein kaltgepresstes Futter zu wählen. Dieses quillt im Magen Ihres Welpen nicht so stark auf, zerfällt und hat somit eine kürzere Verweildauer im Magen. Testen Sie dieses entscheidende Qualitätsmerkmal selbst in Ihrer Küche! Legen Sie kaltgepresstes Futter in ein Glas Wasser. Es geht unter und zerfällt nach kurzer Zeit in seine Bestandteile. Normale Trockenfutter-Kroketten dagegen schwimmen und quellen oft bis zu ihrer doppelten Größe auf. Genau das geschieht auch im Magen Ihres Hundes. Trockenfutter ist nicht – wie so manch ein Hersteller verspricht – besser für die Zähne. Beobachten Sie Ihren Hund einmal beim Fressen von Trockenfutter, dann sehen Sie, dass er auch die trockenen Kroketten nicht kaut, sondern herunterschlingt.

WIE SIE DEN WELPEN RICHTIG FÜTTERN

Ein Welpe, dessen Magen noch sehr klein ist, bekommt drei kleine Mahlzeiten am Tag. Überfüttern Sie ihn nicht, sein Napf sollte immer blank geleckt sein. Wichtig ist, dass er gern frisst und zu den Mahlzeiten Hunger hat. Natürlich bekommt der Kleine über den Tag verteilt und während des Trainings Futter. Belohnung geht zum Teil eben auch durch den Magen. Nicht so ganz den Überblick zu verlieren, ist trotzdem ratsam. Sonst wundern Sie sich abends, dass der Welpe nach diesem anstrengenden Tag keinen Appetit mehr hat.

Wer sich gemerkt hat, was am Tag alles gefüttert wurde, kann diese Portionen einfach vom abendlichen Futter abziehen. So bleibt der Hund sportiv und beweglich und wird nicht überfüttert. Manchmal fressen auch verfressene Hunde schlecht oder eben überhaupt nicht. Das ist in der Regel gar nicht schlimm. Ich möchte Ihnen an dieser Stelle jedoch dringend raten, das Trockenfutter in diesem Fall nicht mit Leberwurst oder Ähnlichem zu verfeinern. Denn in solchen Momenten entstehen schnell schlechte Gewohnheiten. Ihr kluger Freund wird sich merken, dass das Verweigern seines normalen Futters ein besonders leckeres Topping bedeutet. Schlechte Fresser werden stets erzogen, nie geboren! Mag sein, der Vierbeiner ist satt, mag sein, er hatte zu viele Leckerchen zwischendurch. Ein Fastentag gelegentlich ist kein Drama, im Gegenteil, Fasten ist auch für Hunde gesund und entspricht in der Natur einem missglückten Jagdzug. Keine Beute, kein voller Magen.

Bei der Futtermenge können Sie sich an den Angaben des Herstellers orientieren. Wichtig ist hierbei, darauf zu achten, ob vom zu erwartenden Endgewicht des Hundes oder vom tatsächlichen Gewicht des Vierbeiners gesprochen wird. Die Angaben auf der Verpackung sollten aber nur Orientierung sein. Auch Hunde haben einen unterschiedlichen Stoffwechsel. Was den einen schon satt macht, reicht dem anderen längst nicht. Sie als Halter werden herausfinden, wie viel Futter Ihrem vierbeinigen Liebling guttut. Und auch hier spielt der Hundetyp wieder eine wichtige Rolle. **Der Draufgänger** hat sicher einen hohen Energiebedarf, denn er bewegt sich viel. Auch **der Sensible** braucht in der Regel mehr Futter, weil er häufig gestresst ist. **Der Gemütliche** kommt mit entsprechend weniger Futter aus, da er meist sehr »gechillt« ist. **Der Sturkopf** wird irgendwo dazwischenliegen.

1. Die Handfütterung hat den Vorteil, dass Ihr Welpe stark auf Sie fokussiert ist.

2. Ihr Welpe hält den Blickkontakt zu Ihnen, weil er weiß, dass er gleich eine Futterbelohnung aus Ihrer Hand bekommt.

Machen Sie den Figurtest: Auch bei einem Welpen sollten die Rippen gut fühlbar sein. Der viel beschworene Welpenbauch ist ein Mythos. Zu dünn ist der Welpe, wenn Sie Rippen und Hüftknochen oder gar die Wirbelsäule sehen können. Welpen sollten regelmäßig gewogen werden. So behält man eine gute Übersicht, wie sie sich entwickeln.

DIE HANDFÜTTERUNG

Ich bin ein großer Befürworter der Handfütterung. Nach etwa drei bis vier Wochen, je nach Charakter, ist Ihr Welpe nun endgültig bei Ihnen angekommen. Draußen beginnt er seine Umwelt interessierter wahrzunehmen, und die Aufregung bei Begegnungen steigt langsam. Jetzt ist es an der Zeit, mit der Handfütterung zu starten. Das bedeutet, dass Sie die ersten beiden Mahlzeiten des Tages als Trainingsfutter verwenden. Belohnenswert können hier zum Beispiel ein Blickkontakt, ein Sitz oder auch ein Zurückkommen sein. Sie fördern damit gute Gewohnheiten und benutzen das Futter, um dem Welpen auf positive Art und Weise klarzumachen welche Verhaltensweisen sich speziell draußen lohnen. Aber auch im Haus können Sie die Handfütterung anwenden, da nun die ersten Kommandos trainiert werden. Verzichten Sie auf zusätzliche Leckerchen zwischendurch. Die letzte Mahlzeit des Tages bekommt der Kleine in seinem Futternapf, weil dies zu einem höheren Sättigungsgefühl führt und Ihr Welpe dann besser schlafen kann.

Die Handfütterung ist am einfachsten mit Trockenfutter durchzuführen. Für Feuchtfutter oder BARF gibt es spezielle Tuben, die mit dem Futter befüllt und mitgenommen werden können. Handfütterung ist zwar aufwendig, aber enorm effektvoll, um den Fokus des Hundes auf Sie zu steuern. Gerade **ein Draufgänger-Welpe** wird auf diese Weise in der Regel noch stärker an seine Menschen gebunden. **Dem Sensiblen** kann man über Futter bei Situationen helfen, die ihn ängstigen. **Der Sturkopf** lässt sich mit Futter oft doch noch überreden, und für **den Gemütlichen** mag es ein Anreiz sein, etwas für Sie zu tun. In jedem Fall macht man sich als Mensch extrem interessant, wenn man die Zuteilung des Futters in den Händen hält. Futter – das gibt es vom Chef. Die Handfütterung empfiehlt sich für einige Wochen bis Monate, je nach Charaktere Ihres Welpen.

KAUARTIKEL UND KNOCHEN

Kauen ist für den Welpen enorm wichtig. Denn, das schreibe ich zum Beispiel auch bei den sogenannten »dollen fünf Minuten«, Kauen beruhigt nachweislich (→ Seite 76). Beim Kauen werden Glückshormone freigesetzt. Dadurch kann ein sehr aufgeregter Welpe sich wieder entspannen und runterkommen. Ein wünschenswerter Nebeneffekt: Mit einem Kauartikel verhindern Sie, dass Ihr Liebling sich an Ihren Lieblingsschuhen oder anderen Gegenständen vergreift. Und spätestens wenn der Welpe in die Zahnung kommt, braucht er zwingend etwas zu kauen, da die durchbrechenden neuen Zähne Schmerzen verursachen und das Kauen hier echte Linderung verschafft.

Trockenfutter wie Trockenpansen, Schlund oder Rinderkopfhaut können Sie dem Welpen schon jetzt prima anbieten. Ich würde Ihnen aber raten, den Hund nicht damit allein zu lassen. Gerade junge Hunde sind oft sehr gierig und können an einem zu großen Stück im schlimmsten Fall ersticken. Wird der Hund also zu gierig, nehmen Sie ihm das leckere Teil wieder weg. So wird gleichzeitig das Herausgeben von Beute super trainiert. Kauknochen aus Büffelhaut sind für den Welpen meist noch zu hart. Häufig liegen sie unangerührt irgendwo in der Wohnung.

Rohe Knochen wie Beinscheiben etwa vom Rind gehören bei einer BARF-Mahlzeit hin und wieder mit dazu. Dennoch sollte man auch hier vorsichtig sein. Der Knochen muss so groß sein, dass ihn der Welpe nicht verschlucken kann. Und ein Zuviel ist schlecht, da Knochen zu Verstopfung führen können. Übrigens braucht ein Welpe, der nicht nach der BARF-Methode ernährt wird, nicht unbedingt rohe Knochen zum Benagen.

Kaffeeholz oder ein Geweihstück bietet sich als Kauartikel für die Zahnpflege an. Beides ist hart, und der Welpe kann keine Stücke abbeißen (→ Seite 31). Zähneputzen mit Leckerchen wie etwa Dentalsticks ist dagegen eher gesundheitsschädlich, denn sie enthalten in der Regel viel Zucker.

Und dann gibt es noch jede Menge neue Hypes. Viele meiner Kunden backen Kekse, es gibt Hunde-Eisdielen und vieles mehr. Mich stören die Foodtrends für Hunde nicht. Sie zeigen ja auch, wie viel Freude so ein Tier macht. Solange Sie auf die tägliche gesunde Ernährung Ihres Welpen achten, können Sie auch einmal eine Kugel Leberwursteis zusammen mit Ihrem kleinen Liebling schlecken.

Kauen macht glücklich, denn dabei werden Glückshormone freigesetzt. Außerdem beruhigt es und sorgt eine ganze Weile für Beschäftigung.

GEFAHREN FÜR DEN WELPEN

Eine Liste schädlicher Lebensmittel, Pflanzen und Substanzen zur Hand zu haben, ist gerade für Welpenbesitzer sehr sinnvoll. Denn junge Hunde erkunden ihre Welt mit dem Maul (→ Seite 74). Aber auch erwachsene Hunde können Dinge fressen, die schädlich oder gar toxisch für sie sind.

Diese Liste dient zum einen der Prävention, also dem Vorbeugen, ist aber zum anderen genauso nützlich, um immer mal wieder nachzulesen. Sie erhebt keinen Anspruch auf Vollständigkeit, soll aber sensibel dafür machen, wie viele der von uns ganz selbstverständlich benutzten Stoffe für Hunde gefährlich werden können (Giftige Pflanzen -> Adressen, Seite 189).

Apathie, Erbrechen und/oder Durchfall können erste Anzeichen für eine Vergiftung sein. Ebenso kann es unter anderem zu Krämpfen, Lähmungserscheinungen und Reizungen in Mund und Rachen kommen. Bringen Sie Ihren Welpen dann umgehend zum Tierarzt. Nehmen Sie Proben von Erbrochenem oder Kot des Welpen mit und von der Pflanze oder den Substanzen, die der Welpe gefressen hat, dann kann der Arzt den Giftstoff schneller bestimmen. Auf keinen Fall Milch zum Trinken geben, weil sie die Aufnahme der Gifte in den Körper beschleunigen kann.

Pflanzen, die schaden

Folgende Pflanzen sollten Sie meiden oder so platzieren, dass Ihr Welpe sie nicht erreichen kann.
Aloe vera: Giftig ist das Aloin in den Blättern. **Amaryllis:** Alle Pflanzenteile enthalten tödlich giftige Alkaloide. **Buchsbaum:** Die Pflanze enthält hochgiftig wirkende Alkaloide vor allem in den Blättern, der Rinde und den Früchten. **Calla:** Diese Zimmerpflanze enthält giftige Scharfstoffe. Bei Berührung mit dem Pflanzensaft können unangenehme Hautreizungen auftreten. **Chrysanthemen:** Die Giftstoffe sind im Pflanzensaft, in den Blüten und Blättern enthalten. **Efeu:** Die Pflanze enthält in allen Teilen, aber vor allem in den Beeren, giftige Substanzen. **Eibe:** Fast alle Teile des Nadelbaums enthalten den Giftstoff Taxin. **Fingerhut:** Alle Teile der Pflanze sind giftig. **Kalanchoe:** In allen Teilen schwach giftig. **Lilien:** In allen Pflanzenteilen giftig. **Mistel**: Alle Teile der Mistel sind leicht giftig. **Narzissen:** In allen Pflanzenteilen giftig. Besonders die Zwiebel enthält die giftigen Alkaloide.

Stimmt die Bindung zwischen Mensch und Tier, gehorcht der Hund aus eigenem Antrieb. Ihr Lob ist sein höchstes Ziel.

Rhododendron und Azalee: Alle Pflanzenteile enthalten Giftstoffe. **Weihnachtsstern:** Die Pflanze ist in allen Teilen giftig, vor allem aber der weißliche Milchsaft.

Lebensmittel, die schaden

Folgende Lebensmittel sind nicht für den Verzehr durch Ihren Welpen geeignet.
Alkohol; **Avocado** (Stamm sowie Haut, Kern, Rinde und Blätter enthalten den Giftstoff Persin); **Bittermandeln** (der Giftstoff Amygdalin setzt während des Verdauungsprozesses giftige Blausäure frei); **Koffein**; **Macadamia-Nüsse** (sie enthalten Gifte, die besonders gefährlich für den Welpen sind); **Muskatnuss** (die enthaltenen Hallozinogene können lebensgefährliche Rauschzustände beim Hund auslösen); **Nikotin**; **Schokolade** (der Inhaltsstoff Theobromin kann bereits in geringen Mengen toxisch wirken; je höher der Kakaoanteil, desto gefährlicher); **Steinobstkerne** (enthalten das Gift Cyanid, welches im Magen zu Blausäure umgewandelt wird); **Trauben (mit Kernen) & Rosinen** (was genau die Vergiftungserscheinungen auslöst, ist noch unerforscht); **rohes Schweinefleisch** (es kann das für Hunde tödliche Aujeszky-Virus enthalten); **Xylit** (Zuckerersatzstoff).

Nachtschattengewächse: Sie können Unverträglichkeiten auslösen, wirken jedoch nicht toxisch. Hierzu zählen unter anderem Tomaten, Paprika, Chili und rohe Kartoffeln.

Arzneimittel, die schaden

Die folgenden drei Wirkstoffe stehen stellvertretend für viele andere. Tabletten und Co. sind für Ihren Hund unzugänglich aufzubewahren.
Ibuprofen: Bei Kontakt mit den Schleimhäuten kommt es zu starken Irritationen. Im Magen löst es blutiges Erbrechen und blutigen Durchfall aus.
Paracetamol: Es kann zu Leber- und Nierenversagen beim Hund kommen.
Acetylsalicylsäure (zum Beispiel Aspirin): Salicylsäure schädigt Schleimhäute und Organe.

Chemische Wirkstoffe, die schaden

Auch mit folgenden Mitteln sollten Sie sehr sorgfältig umgehen und sie sicher aufbewahren.
Chemische Reinigungsmittel wie Spülmaschinentabs, Toilettenreiniger, Waschmittel und Ähnliches.
Chemischer Dünger kann ebenfalls zu einer Vergiftungsquelle werden. Auch dann, wenn der Hund beispielsweise aus dem Topfuntersetzer einer frisch gedüngten Pflanze trinkt! Reine Hornspäne sind hingegen unbedenklich.

WELCHER HUNDE-TYP BIST DU? DER ULTIMATIVE WELPENTEST

Persönlichkeitstests funktionieren auch bei tierischen Charakterköpfen. Um die Analyse zu erleichtern, habe ich für Sie einige »Charakterübungen« zusammengestellt. Wahrscheinlich wird Ihr Welpe von verschiedenen Typen Eigenschaften in sich tragen – und das ist gut so, denn jeder Hund ist vor allem eins: einzigartig. Trotzdem kann es in der Hundeerziehung von Vorteil sein, das Gemüt des Welpen grob zu bestimmen. Im gesamten Buch finden Sie entsprechende Tipps und Tricks, die eine typgerechte Erziehung ermöglichen – und Ihnen so manches Mal das Leben leichter machen. Dieser Test hilft Ihnen bei der Einschätzung. Sehen Sie die Übungen und die dargelegten Situationen als lockeres Kennenlern-Spiel! Viel Spaß dabei.

1. UNBEKANNTE PERSON

Eine fremde Person kommt Ihnen auf dem Spaziergang entgegen. Wie reagiert Ihr Welpe auf diese Person?

a) Der Welpe zieht zur fremden Person hin und begrüßt sie überschwänglich wie einen lange vermissten Freund.
b) Der Welpe schaut erst einmal nur zu dieser Person hin, entscheidet sich dann aber doch noch, freundlich wedelnd hinzugehen.
c) Der Welpe bleibt stehen und wechselt auf Ihre andere Seite – weg von der fremden Person.
d) Der Welpe bemerkt die fremde Person kaum und schnuppert lieber weiter am Wegesrand.

2. IM ARM HALTEN

Sie nehmen Ihren Welpen auf den Arm und halten ihn sanft fest. Was macht der Welpe?

a) Der Welpe zappelt zunächst, kaut an Ihren Händen, wird aber dann ruhig.
b) Der Welpe schlabbert Ihnen durchs Gesicht und kuschelt sich an Sie.
c) Der Welpe wird schon beim Hochnehmen steif, zittert und jammert in der Folge.
d) Der Welpe zappelt wie wild, schreit und versucht, Ihren Armen zu entkommen.

3. FREMDER GEGENSTAND

Der Welpe entdeckt einen unbekannten Gegenstand (gelber Sack am Straßenrand, eine Skulptur in der Stadt o. Ä.). Was passiert?

a) Der Welpe schießt auf den Gegenstand zu und kann es gar nicht abwarten, ihn genauestens zu untersuchen.
b) Der Welpe trottet ohne großes Interesse am Gegenstand vorbei.
c) Der Welpe bellt den Gegenstand an und läuft mit aufgestelltem Fell im Bogen um ihn herum.
d) Der Welpe zieht zum Gegenstand hin, untersucht das unbekannte Objekt genauestens und ist vor Beendigung der Inspektion auf keinen Fall zu bewegen, mit Ihnen weiterzugehen.

4. FALLENDER GEGENSTAND

Sie lassen einige Meter von Ihrem Welpen entfernt einen Gegenstand (z. B. einen Schlüssel oder Deckel) fallen. Was macht Ihr Kleiner?

a) Ihr Welpe erschrickt, nähert sich dann aber sofort dem Gegenstand, untersucht ihn ausgiebig und schleppt ihn vielleicht sogar weg.
b) Ihr Welpe schaut, überlegt kurz, ob es sich lohnen könnte aufzustehen, dreht sich dann um und schläft weiter.
c) Ihr Welpe erschrickt, wirkt verunsichert, geht dann weg und legt sich weit entfernt von der Quelle des Übels wieder hin.
d) Ihr Welpe erschrickt zunächst, beschäftigt sich dann aber sofort mit etwas anderem.

5. KUSCHELRUNDE

Sie möchten gerne Zeit zu zweit genießen und mit Ihrem Welpen gemeinsam auf dem Boden kuscheln. Was passiert?

a) Der Welpe hält überhaupt nicht still und versucht das Ganze in ein Raufspiel zu verwandeln.
b) Der Welpe genießt das Kuscheln mit Ihnen und drückt sich vertrauensvoll an Sie.
c) Der Welpe lässt die gemeinsame Kuschelrunde eher stoisch über sich ergehen.
d) Der Welpe legt bei Ihrem Kuschelversuch die Ohren an, züngelt und dreht demonstrativ den Kopf weg.

6. VERSTECKTE LECKEREI

Sie deponieren vor den Augen Ihres Welpen etwas besonders Leckeres und zudem stark Riechendes unter einem Plastikbecher. Beobachten Sie nun Ihren Welpen. Wie sehr bemüht er sich denn, um an diese Leckerei zu kommen?

a) Der Welpe ist schon sehr zappelig, während Sie den Plastikbecher entsprechend präparieren. Jetzt gibt es für den Kleinen kein Halten mehr, und er schießt vor. Der Welpe operiert mit Pfoten und Schnauze so wild, dass es doch eher Zufall ist, wenn der Becher schließlich umfällt.
b) Der Welpe sitzt zunächst ruhig vor dem Becher und riecht erst einmal daran. Dann legt er bedächtig seine Pfote auf den Plastikbecher und stößt ihn schließlich um.
c) Der Welpe traut sich nicht so richtig an den Becher heran und fragt über Blickkontakt immer wieder bei Ihnen nach, ob es denn wirklich okay ist, wenn er an den Becher geht.
d) Der Welpe schnuppert am Becher und schiebt diesen kurz über den Boden. Dann aber geht er weg und legt sich aufstöhnend in eine Ecke.

7. PFLEGEMASSNAHMEN

Pflegehandgriffe stehen auf dem Programm: Sie schauen Ihrem Welpen in die Ohren, ins Mäulchen oder halten seine Pfoten sanft fest. Wie verhält sich Ihr Kleiner dabei?

a) Der Welpe schreit, noch bevor Sie ihn richtig angefasst haben.
b) Der Welpe bleibt dabei ruhig und leckt Ihnen sogar die Hand.
c) Der Welpe versucht, Ihren Händen auszuweichen, schaut skeptisch und gähnt.
d) Der Welpe versucht bereits im Vorfeld, sich Ihnen und Ihren Händen zu entziehen.

8. ROLLENDER BALL

Experiment mit Ball: Sie rollen einen kleinen Ball an Ihrem Welpen vorbei. Was macht Ihr Vierbeiner?

a) Der Welpe rennt dem Ball sofort völlig kopflos hinterher.
b) Der Welpe reagiert nur kurz auf die Bewegung des Balls und legt sich dann wieder hin.
c) Der Welpe ist interessiert, was sich da bewegt, und tapst hinter dem Ball her.
d) Der Welpe tapst zwar zunächst hinter dem Ball her, lässt sich dann aber sehr leicht von etwas anderem ablenken.

9. SPAZIERGANG

Sie gehen mit Ihrem Welpen spazieren. Plötzlich bleiben Sie stocksteif und mit vom Welpen abgewandtem Blick stehen. Bei diesem Test sollte Ihr Kleiner vorher nicht zu sehr abgelenkt sein.

a) Der Welpe springt Sie an, kratzt am Hosenbein, sieht dann einen Schmetterling und beschäftigt sich mit den aufregenden Dingen des Lebens.
b) Der Welpe schaut Sie an, setzt sich, schaut nochmals zu Ihnen und legt sich dann hin.
c) Der Welpe springt an Ihnen hoch, läuft aufgeregt um Sie herum und bellt vielleicht sogar.
d) Der Welpe läuft unbeirrt weiter. Erst nach einigen Metern bemerkt er, dass Sie nicht nachkommen, und bewegt sich dann langsam, hier und dort schnuppernd, wieder in Ihre Richtung.

10. BEI DÄMMERUNG

Wie verhält sich Ihr Welpe in der Dämmerung oder bei Dunkelheit?

a) Beim Welpen ist keine Veränderung in seinem Verhalten feststellbar, alles läuft genau so wie immer.
b) Der Welpe hält sich in dieser Situation deutlich dichter an seinen Menschen.
c) Der Welpe bellt plötzlich Gegenstände oder auch Menschen an.
d) Der Welpe verweigert und mag nicht laufen.

11. UNTERGRUND

Wie verhält sich Ihr Welpe, wenn sich der Untergrund plötzlich verändert (Lüftungsgitter, Marmortreppe o. Ä.)?

a) Der Welpe rennt über den Untergrund, ohne wirklich wahrzunehmen, was er da gerade macht.
b) Der Welpe untersucht erst einmal den Untergrund, folgt Ihnen dann aber gelassen darüber.
c) Der Welpe verweigert, will nicht darübergehen, aber für Futter tut er es dann doch.
d) Der Welpe zieht zurück, versucht, den neuen Untergrund zu meiden, geht rückwärts und ist auch mit Futter kaum zu bewegen, darüberzulaufen.

12. GEÖFFNETER SCHIRM

Sie öffnen abrupt einen Schirm in einiger Entfernung zum Welpen. Wie reagiert Ihr Welpe darauf?

a) Der Welpe schaut zunächst, rennt dann zu Ihnen hin und will das Ding sofort untersuchen.
b) Der Welpe schaut, wendet sich dann ab und schläft weiter.
c) Der Welpe schaut erschrocken hoch, steht auf und bringt mehr Abstand zwischen sich und dem Gegenstand.
d) Der Welpe schaut erst, geht dann aber weg und spielt woanders.

13. IGNORIEREN

Sie und Ihr Welpe befinden sich in einem ihm fremden Raum. Sie kümmern sich nicht um Ihren Kleinen und setzen sich auf einen Stuhl. Was macht Ihr Welpe?

a) Der Welpe wuselt überall herum, springt Sie zwischendurch immer mal wieder an und bleibt dauernd in Bewegung.
b) Der Welpe erkundet erst den Raum, legt sich dann hin und schläft ein.
c) Der Welpe klebt an Ihren Hacken und bleibt dicht bei Ihnen.
d) Der Welpe erkundet ein bisschen die Umgebung und legt sich dann mitten in den Raum.

14. TAUBEN AUF DEM FELD

Ihr Welpe entdeckt Tauben auf dem Feld. Wie reagiert er?

a) Der Welpe stürzt dorthin und dreht völlig auf.
b) Der Welpe schaut die Tauben auf dem Feld nur an und tapst dann ein paar Schritte in Richtung der Tauben.
c) Der Welpe hüpft in die Richtung, in der die Tauben sind, läuft aber nach den ersten Sprüngen sofort zu Ihnen zurück.
d) Der Welpe läuft hin, hat dann noch ganz viel anderes zu tun, bevor er es für nötig hält, zu Ihnen zurückzukommen.

15. MIT DEM BUS FAHREN

Sie möchten mit Ihrem Welpen Bus oder S-Bahn fahren. Wie verhält er sich?

a) Der Welpe stürzt durch die geöffnete Tür und möchte jeden Fahrgast begrüßen.
b) Der Welpe steigt mit etwas Überredung ein, liegt während der Fahrt ruhig und entspannt.
c) Der Welpe möchte nicht rein, ist während der Fahrt aber entspannt.
d) Der Welpe will schon beim Einfahren von Bus oder Bahn weg. Auf Ihrem Arm beruhigt er sich aber schnell.

16. KLINGELN AN DER TÜR

Wie verhält sich Ihr Welpe, wenn es an der Haustür klingelt?

a) Der Welpe ist als Erster an der Tür, total aufgeregt und begrüßt jeden stürmisch.
b) Der Welpe geht meist mit zur Tür, wedelt den Besuch freundlich an und geht dann wieder.
c) Der Welpe wufft, weicht eventuell zurück oder geht in sein Körbchen.
d) Der Welpe läuft manchmal zur Tür, hat aber oft auch Besseres zu tun.

17. WACKELIGES

Setzen Sie Ihren Welpen in eine Schubkarre und fahren Sie los oder lassen Sie ihn ein wackeliges Klettergerät erkunden. Wie verhält sich Ihr Kleiner dabei?
(Achtung: Machen Sie diese Übung unbedingt zu zweit, damit eine Person sofort Hilfestellung geben kann, falls der Welpe spontan aus der Schubkarre oder vom Klettergerüst springen will!)

a) Der Welpe will partout nicht in der Schubkarre oder auf dem Klettergerät bleiben. Er ist aufgeregt und abgelenkt.
b) Der Welpe gewöhnt sich schnell an die Bewegung und setzt sich.
c) Der Welpe schnuppert ein bisschen, wirkt sicher, will aber trotzdem schnell wieder aus der Karre heraus oder vom Klettergerüst herunter.
d) Der Welpe zappelt und will gar nicht an die Schubkarre oder das Gerät herangehen.

TESTAUFLÖSUNG

Welchen Buchstaben haben Sie bei diesem Welpentest am häufigsten angekreuzt?

a) **DER DRAUFGÄNGER** Wenn Ihre Antworten bei Buchstabe a) überwiegen, ist Ihr Welpe vermutlich ein kleiner Draufgänger, der seine Welt mit Karacho erkundet. Er muss so manches Mal gebremst werden.
b) **DER GEMÜTLICHE** Haben Sie oft bei Buchstabe b) Ihr Kreuzchen gesetzt? Dann gehört Ihr Welpe zu den Gemütlichen, die die Dinge ruhig angehen und in den meisten Situationen sehr sicher sind und überlegt handeln. Fördern Sie Ihren Hund entsprechend, dann wird er immer häufiger auch aus sich herausgehen.
c) **DER SENSIBLE** Wenn Sie Ihren Welpen vorwiegend in den Reaktionen unter Buchstabe c) wiedererkannt haben, ist er der Sensible, dem viele Dinge unheimlich sind und den Sie sanft und mit viel Verständnis mit seiner Umwelt vertraut machen müssen.
d) **DER STURKOPF** Liegen Ihre Antworten oft bei Buchstabe d), haben Sie einen Sturkopf vor sich. Das bedeutet, einen sehr klugen, oft furchtlosen Hund, der aber auch eigene Interessen verfolgt. Haben Sie das erkannt, können Sie ihn besonders motivieren und staunen, zu was er alles fähig ist.

GRUNDSCHULE FÜR HUNDEKINDER

Jetzt geht's in die Praxis. Der Welpe muss lernen, Ihnen zu vertrauen, zu gehorchen und Kommandos auszuführen. Im gemeinsamen Training werden Sie und Ihr kleiner Vierbeiner sich immer besser kennenlernen, noch mehr zusammenwachsen und schließlich ein wunderbares Team sein. Lassen Sie sich entspannt und mit Freude auf das Abenteuer Welpen-Erziehung ein.

WELPEN-TRAINING LEICHT GEMACHT

Endlich geht es los! Das gemeinsame Training mit Ihnen wird Ihrem kleinen Vierbeiner bestimmt gefallen. Er genießt Ihre Nähe, freut sich über Ihre Aufmerksamkeit und die neuen Erfahrungen, die er nun machen darf.

DIE LUST AN DER ZUSAMMENARBEIT

Nachdem Ihr Welpe und Sie hoffentlich in Ihrem gemeinsamen Leben gut angekommen sind, geht's jetzt endlich ins Training. Und, ich liebe es! Ich bin überzeugt, auch Sie werden die Arbeit mit Ihrem kleinen Vierbeiner genießen und viel Freude daran haben zu erleben, wie gern Ihr Hundekind mitmacht.
Es fasziniert mich immer wieder zu sehen, wie gut sich Mensch und Hund verständigen können und im Laufe eines Trainings beide lernen, dieselbe Sprache zu sprechen.

BAUSTEINE FÜR EIN TOLLES MITEINANDER: AKZEPTANZ UND ERLERNTES VERHALTEN

Wie sieht mich mein Hund? Das ist eine große, anspruchsvolle Frage, die wir uns als Hundehalter stellen sollten und deren Antwort wir sehr gut aus dem Verhalten des Vierbeiners ablesen können. Hunde können nicht lügen. Wenn Sie Ihren Welpen beobachten, sehen Sie die ehrliche Antwort. Wie also sieht Ihr Hund Sie? Oder vielmehr, akzeptiert er Sie? Denn letztendlich ist die Frage, wie gut die Beziehung zwischen Mensch und Hund funktioniert, die Frage danach, wie sehr der Hund seinen Menschen akzeptiert.

Natürlich ist auch erlerntes Verhalten, sprich alle gängigen Kommandos, ein weiterer wichtiger Baustein in der Hundeerziehung. Aus meiner Sicht jedoch der eher weniger wichtige. Für mich ist die Akzeptanz das Fundament. Sie beschreibt die Beziehung zwischen Mensch und Hund. Der Hund, der eine hohe Akzeptanz gegenüber seinem Menschen empfindet, gehorcht und spielt gern mit ihm.

Eine starke Führungspersönlichkeit

Ihr Hund hat den ganzen Tag Zeit, Sie zu beobachten. Und das tut er auch. So macht er sich nach und nach ein Bild von Ihnen. Relevant ist für ihn vor allem: Kann ich diesem Menschen vertrauen? Kann er sich durchsetzen? Ist diese Person stark oder eher

Hunde lernen, unsere Körpersprache zu deuten. Deshalb ist es wichtig, gerade draußen, wo viele Reize auf den Welpen einströmen, Entspanntheit auszustrahlen.

schwach? Wo steht wer in der Familie? Und einiges mehr. Sie sollten versuchen, so zu sein, wie der Hund Sie sich wünscht: ein Mensch, der klar und verständlich ist, der Entscheidungen trifft und sie durchsetzt. Frauchen oder Herrchen übernimmt die Führung, und er, der Welpe, darf folgen. Das bedeutet, Sie brauchen keine Sorge zu haben, dass Ihr kleiner Vierbeiner Sie nicht mehr liebt, weil Sie sich ihm gegenüber durchsetzen. Im Gegenteil! Das Hundekind wird Sie dafür bewundern und Ihnen noch viel lieber folgen. An dieser Stelle spielt die Gabe von Leckerchen nur eine untergeordnete Rolle.

Übrigens, ein aufbrausendes Verhalten führt keinesfalls dazu, dass man von seinem Hund respektiert wird. Sowohl überschwängliche Zuneigung, bei der dem Welpen alles auf dem Silbertablett serviert wird, als auch autoritäres, unbeherrschtes Verhalten wirken nicht souverän. Beides würde Vertrauen zerstören beziehungsweise den Welpen verunsichern.

Und an dieser Stelle noch ein Wort zur Bezugsperson des Vierbeiners. Wenn man weiß, wie ein Hund lernt, kann praktisch jeder dem Welpen ein Kommando, wie zum Beispiel »Sitz« oder »Gib Pfötchen« beibringen (→ Seite 111). In wirklich wichtigen Situationen respektiert der Hund diese Person jedoch noch lange nicht. Respekt und Akzeptanz muss sich jeder Erwachsene in der Familie selbst und für sich allein beim Hund aufbauen.

HUNDESPRACHE LERNEN UND RICHTIG ANWENDEN

Der Hund spricht mit uns. Fast die ganze Zeit, ohne zu bellen oder zu jaulen. Wer einen Hund genau beobachtet, der ist überrascht, was für eine breite Gefühlspalette sich in seiner Mimik und Körpersprache wiederfindet. Da zeigen sich Spielfreude, Zuneigung, Trauer, Demut und Akzeptanz, um Letzteres wird sich dieses Kapitel insbesondere drehen. Das Geheimnis meiner Art, Hunde zu trainieren, ist, dass es eigentlich immer um die Bindung zwischen Mensch und Hund geht. Beziehung entsteht immer auch über eine gelungene Kommunikation. Schauen Sie genau hin, lernen Sie, Ihren Welpen zu lesen. Sie werden so viel erfahren – und zu dem Schlüssel gelangen, die Mensch-Hund-Beziehung zu führen, die Sie sich vorgestellt haben.

Wie Akzeptanz aufgebaut wird

Machen wir zum Verständnis zunächst ein Gedankenexperiment. Stellen Sie sich vor, Sie haben ein Konto, auf dem sammeln Sie Akzeptanzpunkte. Am Anfang Ihrer Beziehung mit Ihrem Welpen ist dieses Konto leer. Über die Art und Weise, wie Sie Ihren

Was gibt es denn dort zu entdecken? Auch Neugierde spiegelt sich in der Körpersprache von Hunden wider.

Dieser Welpe hat richtig Spaß am Spaziergang ohne Leine. Mit ein wenig Übung können Sie das auch selbst bald an der Mimik Ihres kleinen Vierbeiners erkennen.

Hund erziehen, füllt sich dieses Konto oder gerät ins Minus. Stellen Sie sich beispielsweise vor, auf dem Tisch steht ein Teller mit Würstchen. Der Hund riecht das Essen und springt mit den Vorderpfoten auf den Tischrand. Wie reagieren Sie? Natürlich versuchen Sie dieses Verhalten zu unterbinden. Aber tatsächlich kommt es nun darauf an, wie Sie das tun. Wenn Sie mit dem Hund schimpfen, dieser vom Tisch wegspringt und Sie sich unmittelbar wegdrehen, verpassen Sie die wahre Mitteilung, die er Ihnen in diesem Moment mit Blick und Körpersprache sendet. Hat er Sie wirklich verstanden? Hat er akzeptiert, dass Sie ihn vom Tisch weggeschickt haben? Sie können die Antwort nun in seiner Haltung lesen.

Bleibt der Welpe unbeeindruckt ganz in der Nähe des Tisches stehen und schaut sich weiter die Würstchen an, können Sie davon ausgehen, dass Sie ihn in der Handlung lediglich gestört haben, aber die Situation noch nicht geklärt ist. Akzeptiert der Hund Ihr Verbot tatsächlich, wird er sich über die Schnauze lecken, den Kopf senken oder Ähnliches. Der Welpe entschuldigt sich geradezu. Sie sehen, die Reaktion des Welpen kann sehr unterschiedlich sein, obwohl er in beiden Fällen sofort die Pfoten vom Tisch nimmt.

Hunde treten ständig mit uns über ihren Blick in Kontakt. Sie kommunizieren mit uns, ob wir es wahrnehmen oder nicht. Je besser wir die Hundesprache verstehen, desto leichter fällt auch die Erziehung des Vierbeiners.

Die große Kunst in der Hundeerziehung ist es, die »Hundesprache« lesen zu lernen. Gewöhnen Sie sich an, bei Ihren Korrekturen stets darauf zu achten ob Ihr kleiner Vierbeiner Ihnen die richtige Antwort gibt, und zwar über seine Mimik und Körpersprache. Haben Sie erfolgreich kommuniziert? Dann können Sie die Situation auflösen – und sicher sein, einige Punkte auf dem Akzeptanzkonto gesammelt zu haben, Was für ein nachhaltiger Moment für die Beziehung zwischen Ihnen und Ihrem Welpen!

Natürlich bedarf es ein wenig Fingerspitzengefühl und hängt von Ihrem und dem Temperament des Hundes ab, wie stark Sie korrigieren müssen. **Der Draufgänger** braucht oft mehr Nachdruck, während **der Sensible** vielleicht schon sofort beschwichtigt. Schauen Sie hin und finden Sie so das richtige Maß an Bestimmtheit, das Ihr Welpe braucht.

Es ist sicher nicht ganz einfach, die Hundesprache zu erkennen und auch selbst sprechen zu lernen. Ich bin überzeugt, wer sich darauf einlässt, der hat es langfristiger um einiges leichter. Sie merken, ich halte diese Kommunikation für den Schlüssel einer funktionierenden Beziehung zwischen Mensch und Hund. Hundesprache zu verstehen und anzuwenden, das ist das eigentliche Geheimnis.

Leider kann das Akzeptanzkonto auch ordentlich ins Minus geraten. Dann können Sie machen, was Sie wollen – der Hund hört nicht auf Sie und lässt sich nur sehr schwer beeindrucken. Manche meiner Kunden kommen mit einem stark überzogenen Konto in die Hundeschule. Während ich als Trainer mit wenig Aufwand starke Akzeptanz bei dem Welpen hervorrufe, tanzt er seinem Frauchen oder Herrchen, egal um was es geht, auf der Nase herum. Das sind Szenen, die zwar lustig aussehen, dem Besitzer aber ganz schön wehtun.

Der Effekt eines gut gefüllten Akzeptanzkontos ist gewaltig. Der Hund schaut zu seinem Menschen auf und findet ihn sichtbar toll. Ist das nicht der Traum eines jeden Welpenbesitzers? Ich zeige Ihnen in diesem praktischen Teil des Ratgebers verschiedene Übungen, wie dieser Traum wahr werden kann.

ÜBUNG 1

DAS GEHÖRT DIR NICHT

Zeigen Sie Ihrem Welpen, dass Sie stets wissen, was zu tun ist, und er Ihren Entscheidungen vertrauensvoll folgen kann.

ZIEL DES TRAININGS

Der Welpe soll lernen, was er darf und was nicht. Das gibt nicht nur dem kleinen Vierbeiner Sicherheit, sondern erleichtert auch Ihren Alltag mit Hund ungemein. Außerdem erarbeiten Sie sich eine klare Kommunikation mit Ihrem Welpen. Sie machen sich hier zum Entscheidungsträger Ihrer gemischten sozialen Gruppe.

Widmen wir uns nun etwas Grundlegendem, einem Grundpfeiler in der Hundeerziehung, der Akzeptanz. Akzeptanz und erlerntes Verhalten entscheiden darüber, wie gut Ihnen Ihr Hund gehorcht und wie sehr Sie beide als Team funktionieren. Seien Sie mutig und erwartungsfroh, denn Akzeptanz aufzubauen, macht auch Spaß und schweißt Mensch und Hund zusammen (→ Seite 95).

ÜBUNGSSCHRITT 1:

Der Hund trägt sein Geschirr und die Trainingsleine. Ich nehme eine Ablenkung, am besten eine, die gut riecht und schmeckt und nicht sofort runtergeschluckt werden kann. Pansen, Rinderkopfhaut oder auch Würstchen bieten sich an, heiß begehrt bei jedem Welpen.

- → Der Reiz liegt auf dem Boden. Dann führe ich den Hund auf die Leckerei zu, die ihn sichtbar anzieht.
- → Befindet sich der Welpe etwa 5 bis 10 cm vor dem Reiz – Achtung, hier ist Timing gefragt! –, drehe ich mich, leicht vorgebeugt, frontal zum Hund ein (→ Timing, Seite 114). Mein Bauchnabel ist vor dem Hund, mit hoher Körperspannung, der Reiz im Rücken. Gleichzeitig korrigiere ich ihn zusätzlich verbal. Geeignet ist hier zum Beispiel ein Zischen, ein »Hey« oder »Na«. In diesem Moment muss ich aus meiner Körpermitte heraus ein hohes Maß an Bestimmtheit senden.
- → Der Welpe antwortet mit Mimik und Körpersprache. Im besten Fall ist er beeindruckt. Die Ohren sind angelegt, er leckt sich über die Schnauze, die Rute zeigt nach unten. So drückt Ihr Hund Ihnen gegenüber seine Akzeptanz aus.
- → Zeigt der Welpe dieses Verhalten, gehen Sie selbstbewusst an Würstchen oder Pansen vorbei. Der Hund macht dann einen sogenannten Meidebogen. Er wird langsam auf die eigentlich heiß begehrte Beute zugehen und dann in einem Bogen darum herumlaufen und Ihnen folgen. Sie werden den Eindruck haben, dem Hund ist es fast schon

unangenehm, auch nur zum Reiz hinzuschauen. Verhält sich Ihr Schützling so respektvoll, haben Sie super kommuniziert und dürfen ihn angemessen belohnen (→ Seite 112).

→ Lässt der Welpe sich noch einmal verführen und zieht zu Würstchen oder Pansen, hindern Sie ihn, indem Sie ihn erneut – wie in Übungsschritt 1 beschrieben – korrigieren. Seien Sie noch stärker und bestimmter in Ihrem Auftreten, aber werden Sie nicht hektisch oder hysterisch.

→ Sind Sie aus Ihrer Körpermitte heraus überzeugend souverän, wird der Welpe beeindruckt sein, zurückweichen und Ihnen so ein entsprechendes Feedback geben.

→ Um dies noch einmal zu überprüfen, müssen Sie nun etwas sehr Wichtiges tun, und zwar: Drehen Sie sich raus, sodass Sie seitlich zum Hund stehen, und geben Sie ihm die Möglichkeit, den Fehler noch einmal zu machen. Versucht er es, korrigieren Sie ihn, wie in Übungsschritt 1 beschrieben. Bleibt er stehen und schaut Sie an – Glückwunsch!

Diese körpersprachliche Reaktion des Welpen ist es, worauf es hier ankommt. Nur dann haben Sie einen Punkt auf Ihrem Akzeptanzkonto. Und nun, obwohl Ihr kleiner Vierbeiner zunächst nach der Beute gestrebt hat, haben Sie sich erfolgreich durchgesetzt!

An dieser Stelle muss Ihnen bewusst sein, dass die Leckerei nur eine untergeordnete Rolle spielt. Es geht nicht darum, um jeden Preis zu verhindern, dass der Hund sich die begehrte Beute schnappt und Sie wie ein Torhüter davorspringen. Es geht um die Kommunikation, darum, standhaft und bestimmt zu bleiben.

Manche Menschen haben eine natürliche Autorität. Für sie ist es ein Leichtes, dass ihr Vierbeiner sie ohne Wenn und Aber akzeptiert. Für andere bedeutet es echte Arbeit, dem Welpen gegenüber eine konsequente und bestimmte Haltung einzunehmen. Aber geben Sie sich Mühe. Trainieren Sie sich selbst. Und seien Sie gewiss, der Hund liebt Sie nicht mehr, wenn Sie immer wieder einknicken – im Gegenteil.

1. Die verführerisch leckeren Würstchen liegen auf dem Boden. Der Welpe läuft an der Trainingsleine direkt darauf zu.

2. Kurz vor dem Reiz drehe ich mich zu dem Welpen ein. Meine Körperhaltung ist entschlossen. Ich sage laut »Na« oder »Hey«.

3. Der Hund weicht zurück und trotzt der Verführung, sich die Leckerei zu schnappen. Auch seine Mimik zeigt deutlich: Ich habe diese Lektion verstanden.

Wie oft üben? Wenn Sie sehen, dass Ihr Welpe Ihnen Akzeptanz zeigt, seine Körpersprache Ihnen ein klares Feedback auf Ihre Korrektur gibt, können Sie zum nächsten Schritt übergehen.

ÜBUNGSSCHRITT 2:

Nun üben Sie mit Ihrem Welpen, ohne dass Sie die Trainingsleine in der Hand halten. Die Leine bleibt aber am Geschirr befestigt.

MEIN TIPP

Falls Sie den Eindruck haben, Ihr Welpe gibt Ihnen kein Feedback auf Ihre Korrektur, obwohl Sie eine gute Körperspannung haben und meinen, was Sie sagen, überprüfen Sie einmal einen Tag lang Ihren gewohnten Umgang mit dem Welpen. Sollte es so sein, dass Sie ihm jeden Wunsch von den Augen ablesen, er wenige bis gar keine Grenzen kennt, wird auch eine Korrektur nicht ankommen. Ihr gesamtes Verhalten steuert den Hund. Er macht sich ein Bild von Ihnen. Wirken Sie schwach, reagiert der Hund in wichtigen Situationen nicht.

- Sie bewegen sich wieder in Richtung Beute, der Welpe ist neben Ihnen. Sie gehen über das auf dem Boden liegende Futter hinweg. Ihr Welpe sollte nun auch ohne dass Sie erneut korrigieren und die Leine festhalten müssen einen deutlichen Meidebogen zeigen.
- Greift der Hund doch zu, korrigieren Sie ihn ohne Hysterie mit bestimmender Körperhaltung. In diesen Situationen ist es wichtig, stets ruhig zu agieren. Hektik, Schreierei oder Herumgefuchtel wirken alles andere als souverän auf den kleinen Vierbeiner. Eine selbstsichere Körperhaltung und eine ruhige Bestimmtheit führen hier zum Erfolg. Genießen Sie es, wenn Ihr Welpe Ihnen deutlich seine Akzeptanz zeigt!!

Wie oft üben? Hier geht es um Akzeptanz. Es ist keine Übung im herkömmlichen Sinne. Wenn mein Hund mir in einer Situation Akzeptanz gezeigt hat, brauche ich diese Situation nicht zu wiederholen. Ich kann dann den Ort und den Reiz wechseln.

ÜBUNGSSCHRITT 3:

Sofern die ersten beiden Schritte mit Leichtigkeit gelingen, sind Sie qualifiziert für Schritt 3. Mit diesem Trainingsschritt nähern Sie sich nun dem Alltagsgeschehen, denn Sie beginnen nun »Das gehört dir nicht« auf Entfernung zu trainieren. Der Übungsaufbau gleicht Schritt 2. Die Trainingsleine ist noch immer am Geschirr des Hundes verankert. Etwa drei

4. Der kleine Vierbeiner ist beeindruckt. Seine Ohren sind angelegt, er leckt sich über die Schnauze, und die Rute zeigt nach unten.
5. Der Welpe läuft nun in einem Bogen um die heiß begehrte Beute herum. Er zeigt jetzt einen sogenannten Meidebogen.
6. Nach erfolgreichem Training kann ich selbstbewusst mit dem Hund an dem Reiz vorbeigehen. Er folgt mir und hat sich dafür eine Belohnung verdient.

bis fünf Meter vor der ausgelegten Ablenkung lassen Sie die Trainingsleine vertrauensvoll fallen. Bleiben Sie stehen und beobachten Sie Ihren kleinen Vierbeiner möglichst unauffällig.

- → Sollte Ihr Welpe wider Erwarten doch einen Versuch starten, das Futter zu erbeuten, indem er sich diesem bis auf wenige Zentimeter nähert, benutzen Sie Ihr Korrekturgeräusch und beobachten Sie Ihren Liebling. Haben Sie in kleinen Schritten und konsequent trainiert, wird der Welpe Ihr Verbot akzeptieren und die Verlockung meiden. Greift er sich die Beute dennoch, haben Sie den Punkt noch nicht an den Hund verloren ...
- → Gehen Sie dynamisch und mahnend auf den Welpen zu. Treten Sie auf die Trainingsleine und verhindern Sie so, dass der Welpe mit dem Futter flüchten kann.
- → Dann nehmen Sie ihm Würstchen oder Pansen unaufgeregt weg, legen die verführerische Beute wieder auf den Boden und versuchen es erneut.

Das ist das Vorgehen – die feinen Details Ihrer Art und Weise, die Schritte zu trainieren, sind natürlich auch davon abhängig, welchen Welpentyp Sie vor sich haben.

Wie oft üben? Wie häufig Sie diese Übung wiederholen, hängt maßgeblich von dem Hundetyp ab, der bei Ihnen lebt. Der Sturkopf braucht sicher einige Übungseinheiten mehr als der Sensible. Es hängt aber auch davon ab, wie hoch der Reiz für den jeweiligen Vierbeiner auf dem Boden ist. Es empfiehlt sich deshalb, die Ablenkung zu variieren und durchaus auch einmal etwas hinzulegen, von dem Sie wissen, dass Ihr Welpe total heiß darauf ist. Auch die Übung »Das gehört dir nicht« müssen Sie an vielen unterschiedlichen Orten wiederholen, damit der Welpe sie verinnerlichen kann. Eben nicht nur im heimischen Wohnzimmer oder im eigenen Garten, sondern beispielsweise auch auf Ihren Spaziergängen. Hier werden dann gewiss auch »Ernstfälle« in Form von Pferdeäpfeln, Essensresten oder Ähnlichem auftreten.

Wichtig: Bei dieser Übung geht es nicht nur darum, dem Hund zu verbieten Fressbares vom Boden aufzusammeln. Diese Übung dient vor allem dazu, Ihre Körpersprache zu schulen und eine echte Kommunikation zwischen Ihnen und Ihrem Vierbeiner aufzubauen. Ihre nun erworbene körpersprachliche Korrektur in Verbindung mit Ihrem Korrekturgeräusch dient von nun an generell dazu, Ihrem Welpen Regeln und Grenzen aufzuzeigen und vor allem sie durchzusetzen.

MEIN TIPP

So verdeutlichen Sie dem Draufgänger die Übung »Das gehört dir nicht« nachdrücklich. Für Sensible ist diese Übung nicht geeignet. Ich nehme Futter in die Hand und gehe damit auf Augenhöhe des Hundes. Sobald er nach dem Futter schnappen will, schließe ich die Faust und sage dynamisch »Hey« oder »Na«. Wichtig: Die Hand auf keinen Fall zurückziehen und unmittelbar danach wieder öffnen. Hier genau beobachten, wie der Welpe sich verhält. Wirkt er beeindruckt? Auch hier gilt, Sie müssen ein deutliches Feedback sehen können.

HALTEN SIE DURCH

Sie merken, bei dieser Übung geht es darum, Ihre Führungsqualitäten zu trainieren und diese auch konsequent durchzuziehen. Das ist ganz schön anspruchsvoll. Deshalb machen Sie sich bewusst, es können Fehler passieren. Solange Sie konsequent korrigieren, machen Sie die Sache gut.

Wenn Sie auf das Feedback Ihres Welpen achten und sehen, dass er sich beeindruckt zeigt, machen Sie einen guten Job. Nur wenn Sie einknicken, zu früh aufhören, ihn zu korrigieren, geht der Schuss nach hinten los, und Ihre Akzeptanz sinkt. Andererseits dürfen Sie aber auch nicht in das Feedback des Hundes hineinkorrigieren. Zeigt er Akzeptanz, sind Sie sofort wieder freundlich mit einer einladenden Körpersprache. Es geht hier in erster Linie um eine klare Kommunikation: »Will ich nicht!« oder auch: »Das machst du toll!«

Ich bin aber sicher, dass Sie allein durch die Tatsache, dass Sie die Akzeptanz trainieren wollen, genug Power entwickeln, sich durchzusetzen. Denken Sie daran, Ihr Welpe hat Lust zu kooperieren. Die Vierbeiner lieben Führungspersönlichkeiten, und als solche stellen Sie sich hiermit unter Beweis.

Sind all diese Schritte erfolgreich geschafft, haben Sie ein schönes Leben mit Ihrem Welpen. Die Akzeptanz wird Ihnen im Alltag viel Stress ersparen und Sie und Ihren Hund souverän zusammenschweißen. Nichts ist erstrebenswerter als ein Mensch-Hund-Gespann, das so gut zusammen funktioniert.

Diese Übung dient vor allem dazu, Ihre Körpersprache und Entschlossenheit zu trainieren und Ihnen einen Weg zu zeigen, wie Sie artgemäß mit Ihrem Hund kommunizieren können. Es liegt nun an Ihnen, das hier Gelernte auf alle Alltagssituationen zu übertragen. Dies führt dazu, dass Sie in nahezu jeder Situation die Kontrolle über Ihren Hund behalten.

TYPGERECHTES WELPENTRAINING

Zu welchem Typ gehört Ihr Welpe? Hier bekommen Sie ein paar wichtige Tipps.

Tipps für Draufgänger

Für den Draufgänger ist diese Übung eine große Herausforderung. Und das bedeutet für Sie, dass Sie sich Ihre Akzeptanzpunkte härter und vor allem mit einem hohen Maß an Konsequenz und Konzentration erarbeiten müssen. Denn der Draufgänger wird losstürmen wollen, Sie sollten deshalb die Leine von Beginn an möglichst kurz halten. Bei diesem Hundeytp macht es auch Sinn, etwas mehr als fünf bis zehn Zentimeter Abstand zu der verheißungsvollen Beute zu halten. Sonst hat der Draufgänger sie – schwups – plötzlich doch in der Schnauze.

Tipps für Sensible

Bei dem Sensiblen gilt das Gegenteil. Sie müssen viel weniger tun, um seine Akzeptanz zu bekommen. Vielmehr müssen Sie darauf achten, ihn nicht zu verschrecken. Ansonsten wird sein Meidebogen zu groß, und der Welpe ist stark verunsichert. Seien Sie konsequent, aber sanfter in Ihrem Auftreten, dann wird er diese Übung schnell verstanden haben.

Tipps für Sturköpfe

Dem Sturkopf fällt es schwer, diese neue Regel zu akzeptieren. Er hat einen starken Willen, und den möchte er auch durchgesetzt wissen. Seien Sie kleinschrittig und unbedingt konsequent. Und rechnen Sie einfach damit, dass er immer wieder, obwohl es schon einige Male geklappt hat, sich doch die Beute schnappen möchte. Bleiben Sie gelassen, gehen Sie noch einmal einen Schritt zurück. Und verlieren Sie nicht den Mut, auch ein Sturkopf kann – und sollte unbedingt – diese Übung verinnerlichen.

Tipps für Gemütliche

»Das gehört dir nicht«, diese Übung wird der Gemütliche schnell verstehen und akzeptieren – auch wenn eine kleine Resthoffnung auf die leckere Beute bestehen bleibt. Laden Sie den Gemütlichen besonders beherzt ein, zu Ihnen zu kommen. Sonst bleibt er vielleicht einfach sitzen.

Ein herzzerreißender Hundeblick: »Darf ich wirklich nicht die leckere Beute schnappen?« Hunde wissen genau, wie sie ihr Frauchen oder Herrchen oftmals erweichen können.

ÜBUNG 2

EINE BEGRENZUNG AKZEPTIEREN

Lernen Sie, wie Sie Ihren Welpen räumlich begrenzen können und damit zu mehr Ruhe und Entspannung im Alltag mit Hund kommen.

ZIEL DES TRAININGS
Der Welpe soll lernen, so lange in dem Bereich, den Sie ihm zuweisen, zu bleiben, bis Sie ihm die Erlaubnis geben, wieder zu Ihnen zu kommen. Auch bei dieser Übung ist besonders Ihre Führungsqualität gefragt.

Akzeptanz und Kommunikation stehen auch bei dieser Übung im Vordergrund. Hier geht es darum, dass der Mensch Raum für sich beansprucht. Vergegenwärtigen wir uns vorab, dass dies auch Hunde untereinander tun. Sie setzen einander Grenzen und akzeptieren diese. Es ist ein völlig normales Verhalten unter Hunden, welches gänzlich gewaltfrei, rein kommunikativ abläuft. Sie als Mensch können ähnlich klar mit Ihrem Welpen kommunizieren und ihm bestimmte Räume zuweisen. Diese Grenzen können permanent sein – etwa Ihr Welpe soll generell nicht in die Küche – oder variabel sein – zum Beispiel er soll sich nicht in der Küche aufhalten, während Sie kochen. Hat Ihr Welpe die Übung verinnerlicht, haben Sie wieder ordentlich Punkte für Ihr Akzeptanzkonto gesammelt. Also, wenn Sie konsequent üben und sich um ein bestimmtes Auftreten bemühen, ernten Sie die Anerkennung Ihres kleinen Vierbeiners: »Hey, ich akzeptiere dich gern, weil du mir klare Grenzen setzt.« Und das ist doch für uns Hundehalter die größte Belohnung.

ÜBUNGSSCHRITT 1:

Der Hund trägt Geschirr und Trainingsleine. Legen Sie nun eine begrenzte Fläche fest, auf welcher der Welpe bleiben soll. Das kann seine Hundedecke oder auch sein Körbchen sein.

→ Führen Sie den Welpen kommentarlos zu diesem Platz, ohne selbst die Fläche, also etwa die Decke, zu betreten.
→ Wenn der kleine Vierbeiner mit allen vier Pfoten auf der Decke oder im Körbchen ist, stellen Sie sich seitlich daneben, wenden den Blick ab und entspannen sich. Sicherheitshalber können Sie die Trainingsleine zunächst in der Hand behalten. Beobachten Sie Ihren kleinen Schüler aus den Augenwinkeln heraus. Bleibt er brav in dem von Ihnen zugewiesenen Bereich? Am Anfang wahrscheinlich eher nicht.
→ Sobald Ihr Vierbeiner auch nur mit einer Pfote Decke oder Körbchen verlässt, drehen Sie sich dynamisch – Ihre Körpermitte leicht vorgebeugt – zu

ihm hin und korrigieren ihn mit einem selbstbewussten »Hey« oder »Na«.

Wie oft üben? Halten Sie die Übungseinheiten kurz. Trainieren Sie lieber 2- bis 3-mal am Tag ein paar Minuten. Achten Sie aber darauf aufzuhören, wenn es gerade sehr gut gelaufen ist.

Wichtig: Bei dieser Übung geht es vor allem um Ihr bestimmtes Auftreten und Ihre Körpersprache.

NACH DER KORREKTUR

- Was passiert nach der Korrektur? Das ist entscheidend, denn der Hund antwortet Ihnen. Im besten Fall sieht er beeindruckt aus: Ohren nach hinten gelegt, die Zunge fährt über die Schnauze, und er zeigt eine defensive Körperhaltung – »Okay, ich habe verstanden«.
- Hierbei ist zunächst nicht das Ziel, den Hund um jeden Preis auf der Decke zu halten, sondern ein klares Feedback vom Welpen zu sehen. Erst dann führen Sie ihn unaufgeregt an der Trainingsleine zurück auf die Fläche.
- Untermauern Sie Ihre Handlung nicht mit einem Zeigefinger und auf keinen Fall mit einem lang ezogenen »Bleeeib!«. Ihre bestimmende Haltung reicht vollkommen aus.
- Bleibt Ihr Hund nun auf der Fläche, belohnen Sie ihn ohne Aufhebens. Legen Sie ihm einfach ein Leckerchen kommentarlos zwischen die Vorderpfoten. Seine Ruhe wird belohnt. Denn es geht nicht nur darum, den Hund auf einem bestimmten Raum zu begrenzen, es geht vor allem darum, dass der Hund sich entspannt. Diese Entspannung – meist setzt oder legt sich der Hund – ist belohnenswert.

Wichtig: Legt der Hund sich hin, und die Pfoten ragen über die eigentliche Grenze hinaus, wird das nicht korrigiert. Die Entspannung, die der Hund damit signalisiert, ist wesentlich wertvoller als die Grenze selbst. Steht der kleine Vierbeiner jedoch auf, müssen Sie allerdings sofort erneut korrigieren.

1. Der Welpe soll so lange in seinem Körbchen bleiben, bis ich ihm die Erlaubnis gebe, es zu verlassen. Zunächst führe ich ihn an der Trainingsleine zum Körbchen hin.
2. Mein kleiner Schüler geht ins Körbchen hinein, und ich bleibe außen vor. Bis zu diesem Moment halte ich noch die Trainingsleine in der Hand.
3. Wenn der Welpe mit allen vier Pfoten im Körbchen ist, stelle ich mich seitlich daneben. Sie können die Trainingsleine jetzt loslassen oder in der Hand behalten.

4. Der Welpe will ohne Erlaubnis den Bereich verlassen. Ich reagiere sofort und drehe mich dynamisch mit dem Korrekturgeräusch, etwa einem Zischen, zu ihm hin.

5. Nach meiner Korrektur ist der Welpe beeindruckt. Er zeigt eine defensive Körperhaltung und bleibt nun so lange im Körbchen, bis ich die Situation auflöse.

Wenn Sie während des gesamten Trainingsablaufs Ruhe ausstrahlen, wird der Welpe diese Stimmung übernehmen. Er entspannt – und das tut ihm gut!.

ÜBUNG AUFLÖSEN

Nun ist es an der Zeit, Ihrem Welpen deutlich klarzumachen, dass er die Begrenzung verlassen darf. Dies geschieht rein über Ihre Körpersprache. Die Ruhe, die der Welpe gerade zeigt, soll erhalten bleiben. Deshalb die Übung nicht mit großem Hallo auflösen.

- → Entfernen Sie sich ein paar Schritte von der Decke, drehen Sie sich frontal zum Hund und gehen Sie einladend in die Hocke.
- → Es kann vorkommen, dass der Welpe nicht sofort auf Sie zukommt. Versuchen Sie, körpersprachlich noch einladender zu sein. Breiten Sie die Arme aus, lächeln Sie Ihren kleinen Vierbeiner an.
- → Erst wenn er gar nicht aufstehen mag, dürfen Sie ein kleines Geräusch, wie beispielsweise ein Zungenschnalzen oder Ähnliches, machen.
- → Der Welpe wird jetzt zögerlich auf Sie zukommen, den Kopf runternehmen und verhalten mit dem Schwanz wedeln.
- → Nun streicheln Sie den Kleinen mit langen, ruhigen Bewegungen. Seien Sie stolz auf Ihren Schützling. Wieder haben Sie Punkte auf Ihr Akzeptanzkonto geladen (→ Seite 96).

ÜBUNGSSCHRITT 2:

Im zweiten Schritt geht es darum, Dauer, Abstand und Ablenkung während der Begrenzung zu steigern. Der Welpe soll in allen Situationen entspannt in seiner Begrenzung verweilen.

- → Entfernen Sie sich nach und nach stets ein Stück weiter vom Welpen, der sich in seinem begrenzten Bereich aufhält.
- → Lassen Sie ihn auch immer ein bisschen länger auf der Decke oder im Körbchen ausharren.
- → Fordern Sie Ihren Welpen mit Reizen heraus, seinen begrenzten Bereich zu verlassen, und stellen Sie ihn so auf die Probe. Werfen Sie zum Beispiel einen Ball oder laufen Sie schnell weg.
- → Verlässt der Kleine den begrenzten Raum, korrigieren Sie ihn mit zu ihm eingedrehten Körper, aber vor allem mit Ruhe und selbstbewusster, bestimmter Körperhaltung. Je mehr Konsequenz und Klarheit Sie ausstrahlen, desto mehr wird Ihr Welpe Sie akzeptieren.
- → Steigern Sie die Übung in kleinen Schritten, dann haben Sie und Ihr Welpe schöne Erfolgsmomente.

Wichtig: Während des Übens ist Ruhe das A und O. Bleiben Sie ruhig, gehen Sie das Training unaufgeregt an. Dann funktioniert die auf den ersten Blick streng anmutende Übung als wunderbares Entspannungstraining für Zwei- und Vierbeiner.

Wie oft üben? Hören Sie immer bei einem deutlich sichtbar entspannten Welpen mit der jeweiligen Übungseinheit auf. Versuchen Sie auch beim Auflösen, diese Entspannung in Ihrem Hund zu erhalten.

ÜBUNGSSCHRITT 3:

Sie haben nun mit Ihrem Hund das Begrenzen in der Wohnung oder im Garten erfolgreich geübt. Jetzt geht es raus ins öffentliche Leben. Hier können Sie Ihren Welpen an Bordsteinen und Ähnlichem begrenzen (→ Straßentraining, Seite 166). Man kann aber auch den Raum vor sich beanspruchen. Das bedeutet, der Hund soll für eine gewisse Zeit hinter Ihnen herlaufen. Hier darf der Hund schnuppern oder die Seite wechseln, Sie aber nicht überholen.

Der Hund soll jedoch nicht den gesamten Spaziergang hinter Ihnen laufen. Im Gegenteil, meist ist es viel angenehmer, den Welpen vor sich und damit im Blick zu haben. Aber Sie werden sehen, dass es für beide Seiten wertvoll ist, den Welpen hinter sich zu wissen und ihn dort halten zu können. Denn auch hier geht es um Entspannung. Indem Sie Ihren Welpen hinter sich halten, können Sie einen aufgeregten Hund wieder in ruhigere Bahnen lenken, da er sich zurücknehmen muss. Sie übernehmen die Führung, bestimmen Tempo und Richtung. Das entspannt den Welpen. Darüber hinaus ist diese Übung eine gute Vorübung für die Leinenführigkeit (→ Seite 130).

Damit Ihr kleiner Vierbeiner hinter Ihnen bleibt, führen Sie den Hund an der Trainingsleine und halten diese ganz am Ende.

→ In dem Moment, in dem er Sie überholen möchte, drehen Sie sich frontal zum Hund und korrigieren ihn mit entschlossener Körperhaltung.
→ Haben Sie ein Feedback Ihres Welpen erhalten, stellen Sie sich seitlich zu ihm, öffnen also den Weg nach vorne.
→ Bleibt der Kleine stehen, schaut Sie im besten Fall auch an, können Sie weitergehen.
→ Der Hund sollte Ihnen nun folgen und Sie nicht mehr überholen.

Wie oft üben? Üben Sie diesen Übungsschritt immer mal wieder auf Ihren Spaziergängen. Insbesondere dann, wenn Ihr Welpe sehr aufgeregt ist und einen starken Außenfokus hat.

HÄUFIGE FEHLER

Wenig Action, wenige Fehlerquellen? Nicht unbedingt. Gerade weil beim Begrenzen nicht viel passiert, kommt es auf eine sehr korrekte Ausführung an. Wer es schafft, diese fünf Fehlerquellen zu vermeiden, der hilft seinem Welpen, die Übung schnell zu verstehen.

1. Sprechen. Manchmal können wir uns nur schwer beherrschen und wollen dem Welpen zurufen, was er tun soll. Bei dieser Übung geht es jedoch darum, dem Hund eine Grenze ausschließlich mit Ihrer Körpersprache sichtbar zu machen. Der Hund braucht Ihre Stimme nicht. Wenn Sie mit Ihrem Körper sprechen, kommunizieren Sie mit dem Hund in dessen eigener Sprache.
2. Unsicher starten. Beim Begrenzen geht es um Grenzen setzen, um Akzeptanz und Anspruch. Wer seinen Hund unsicher und anbiedernd auf den Trainingsplatz führt, der wird sich auch während des Trainings nicht gut durchsetzen können. Legen Sie dem Hund die Trainingsleine an, seien Sie selbstbewusst und ruhig. So klappt es viel besser mit dem Üben.
3. Korrektur zur falschen Zeit. Auch wenn der Hund aufgestanden ist, aber innerhalb der Grenze bleibt, müssen Sie noch ruhig bleiben. Noch hat er nichts Verbotenes getan. Korrigieren Sie nie ein Verhalten, das gar nicht eingetreten ist. Und wenn er schon längst die Begrenzung verlassen hat, dann ist es auch für die Korrektur zu spät. Es kommt auf den richtigen Moment an. Verpassen Sie ihn nicht.
4. Irreführende Körpersprache. Sie brauchen den Hund nicht die ganze Zeit anzustarren – im Gegenteil. Drehen Sie sich weg, schauen Sie ihn nicht direkt an. Das entspannt ihn, denn er macht gerade alles richtig.
5. Gehetzte Korrektur. Sobald der Hund den Platz verlässt, läuft keine Stoppuhr. Lassen Sie sich für die Korrektur Zeit und achten Sie vor allem auf die Mimik Ihres Lieblings. Zeigt er ein Feedback? Nur dann hat er Ihre Korrektur wirklich akzeptiert.

TYPGERECHTES WELPENTRAINING

Zu welchem Typ gehört Ihr Welpe? Hier bekommen Sie ein paar wichtige Tipps.

Tipps für Draufgänger

Ich empfehle, bei dem Draufgänger die Leine bei diesem Training etwas später fallen zu lassen. Denn er wird nachfragen. Muss das echt sein? Muss ich wirklich auf der Decke bleiben? Ja. Antworten Sie ihm deutlich, dann wird auch ein Draufgänger diese neue Grenze akzeptieren.

Tipps für Sensible

Beim Sensibelchen hingegen müssen Sie viel weniger tun. Weniger deutlich sein, weniger den Körper anspannen. Dafür schneller belohnen. Lob zu spüren, das bestärkt sein Selbstbewusstsein, und schon eine softe Korrektur zeigt ihm den richtigen Weg.

Tipps für Sturköpfe

Der Sturkopf wird wie der Draufgänger einige Male mehr nachfragen und auch einige Anläufe mehr brauchen, damit er das grundlegende Prinzip der Begrenzung akzeptiert. Möchten Sie die Regel vom Körbchen auf die Türzarge übertragen, wird er so tun, als sei die bereits verstandene Regel eine völlig neue. Man könnte fast meinen, er möchte diskutieren. Seien Sie klar und stringent. Und nicht frustriert, wenn dieses Training etwas länger dauert.

Tipps für Gemütliche

Ein Training, das in die Karten des Gemütlichen spielt. Liegen bleiben? Kein Problem. Während Sie manchmal mehr Körpereinsatz brauchen, um Ihren Hund zu motivieren, haben Sie beim Begrenzen mit Ihrem Typ Hund echtes Glück. Der grüne Haken auf dem Trainingsplan ist hier ziemlich schnell zu erreichen.

Akzeptiert Sie Ihr Welpe als Führungspersönlichkeit, der er jederzeit vertraut und der er gern folgt, werden Sie es im Training leichter haben.

WIE HUNDE LERNEN

Hunde sind von Natur aus neugierig und lernen gern. Um Kommandos zu verstehen, bedarf es allerdings vieler Wiederholungen. Trainieren Sie Ihren Welpen während der Lernphase in möglichst ablenkungsfreier Umgebung.

DAS LERNVERHALTEN

Machen wir uns einmal klar, was Training bedeutet. Wir üben, dass der kleine Vierbeiner ein bestimmtes Verhalten zeigt. Dazu muss der Hund, egal bei welchem Kommando, verstehen lernen. Und das ist für ihn gar nicht so leicht. Beispiel: Sie möchten den Hund jederzeit auf Kommando in sein Körbchen oder auf seine Decke schicken. Das kann später praktisch sein, wenn es klingelt und der Hund nicht als Erster an der Tür sein soll. Voraussetzung ist natürlich ein trainingsbereiter Hund (→ Seite 112).

Den Hund in sein Körbchen schicken

Sie haben Futter in der Hand und stehen neben dem Körbchen des Hundes. Sie lassen das Futter – sichtbar für den Vierbeiner – ins Körbchen fallen. Der Welpe geht ins Körbchen und frisst. Das wird wiederholt. Futter, Welpe geht ins Körbchen, frisst – immer wieder, rund fünf bis zehn Mal. Spannend ist, dass das Lernen ganz intuitiv beginnt – der Hund gehorcht nicht bewusst.

Um dem Vierbeiner den Zusammenhang zwischen seinem Verhalten und der Belohnung bewusst zu machen, muss er im nächsten Trainingsschritt selbst nachdenken. Halten Sie ihm dafür das Futter hin. Sie stehen wieder neben dem Körbchen beziehungsweise seiner Decke, der Welpe steht davor. Zeigen Sie ihm den leckeren Happen, den es zu ergattern gilt. Doch was muss man dafür tun? Der Hund denkt nach. Und, das finde ich so spannend, man kann es ihm an seiner Mimik ansehen. Er schleckt sich zum Beispiel über die Schnauze, schaut zum Liegeplatz und dann wieder zu Ihnen. Vielleicht springt er auch an Ihnen hoch oder probiert bereits Erlerntes aus. Solange er konzentriert ist, lassen Sie ihn arbeiten. Wirkt er abgelenkt, deuten Sie ihm das gewünschte Verhalten leicht an, indem Sie die Hand minimal in Richtung Körbchen und nach unten führen. Ich finde diese Momente sehr besonders. Der Hund zeigt Ihnen gerade viel mehr als Heißhunger auf Leckerchen. Er offenbart seine große Freude, Sie verstehen zu wollen. Dahinterzukommen, was Sie möchten, macht ihn happy. Hat er die Lösung und geht ins Körbchen oder auf seine Decke, öffnet sich Ihre Hand wieder wie ein Safe. Das Futter fällt ins Körbchen. Geschafft. Nun können Sie beginnen, Stück für Stück weiter weg von Körbchen oder Decke zu gehen. Jetzt wird es richtig schwierig für den kleinen Vierbeiner, denn er muss begreifen, dass er am schnellsten an das leckere Futter kommt, indem er sich davon entfernt.

Übrigens fällt während der gesamten Übung kein einziges Wort. Kein »Komm schon, du schaffst das«. Auch nicht das Wort, das Sie später als Signal verwenden möchten. Wenn Sie nämlich die ganze Zeit mit dem Hund sprechen, was er ja sowieso nicht versteht, lenken Sie ihn nur ab. Erst wenn sich dem Vierbeiner die Übung eingeprägt hat, bekommt sie einen Namen. Meine Faustregel dafür, dass Ihr Welpe die Übung gelernt und verstanden hat: sieben er-

Hat der Welpe erst einmal den Zusammenhang zwischen seinem Verhalten und der Belohnung verstanden, wird er umso lieber mit Ihnen üben.

folgreiche Wiederholungen hintereinander. Läuft Ihr Welpe auf direktem Weg ins Körbchen, wenn Sie ihm die Belohnung zeigen, ist dies eine erfolgreiche Wiederholung. Setzt er sich jedoch etwa nach der vierten Wiederholung zunächst hin oder springt an Ihnen hoch, starten Sie das Training der Übung neu.

WANN IST EIN HUND TRAININGSBEREIT?

Am effektivsten lernt der Hund, ebenso wie der Mensch, wenn er Lust dazu hat. Beobachten Sie Ihren Welpen genau. Macht er einen aufmerksamen, wachen Eindruck, ist Trainingszeit angesagt. Wählen Sie zu Beginn des Trainings eine reizarme Umgebung, denn gerade junge Hunde sind enorm leicht ablenkbar. Auch der Untergrund spielt eine wichtige Rolle. Auf Parkett rutschen die Welpenpfötchen weg, und das Training wird zur Schlitterpartie. Auf einem Teppich dagegen hat der kleine Schüler den nötigen Halt und kann sich gut auf Ihr Kommando und seine Ausführung der Übung konzentrieren.

Wie lange üben?

Viele motivierte Welpenbesitzer planen für die Trainings zu viel Zeit ein. Besser ist es, oft und kurz zu üben. Zwei- bis dreimal am Tag fünf bis zehn Minuten ist wertvoller als einmal am Tag eine halbe Stunde. Welpen können sich noch nicht lange konzentrieren! Durch die Wiederholungen prägt sich das Erlernte in der Regel schnell bei dem kleinen Vierbeiner ein. Nachdem Sie einige Male an der gleichen Stelle mit dem Hund geübt haben, sollten Sie jetzt die Plätze variieren. Denn der Hund lernt orts- und kontextbezogen. Wenn er also zum Beispiel »Platz« immer nur ausschließlich im Wohnzimmer übt, dann

Im Körbchen funktioniert die Übung »Platz« wunderbar. Nun ist es Zeit, auch mal den Ort für das Training zu wechseln.

Ist die Pfütze spannend! Sobald das Training in einer reizarmen Umgebung gut läuft, können Sie auch mal im Garten trainieren. Wird der Hund auch dort auf Sie hören?

wird es auch nur dort gut funktionieren. Sinnvoll ist es also, ein Kommando an vielen verschiedenen Stellen zu üben. Während des Trainings sollen Sie auch Ihre Position wechseln – einmal stehen Sie neben Ihrem Welpen, einmal vor ihm. Seien Sie flexibel und nicht statisch. Dann lernt Sie Ihr Hund immer und in jeder Situation zu verstehen.

BELOHNUNGSFORMEN

Ein Hund, der eine gute Beziehung zu seinem Menschen hat, möchte diesem gefallen und ist gern bereit, etwas für ihn zu tun – vor allem dann, wenn er dafür belohnt wird. Es gibt verschiedene Belohnungsformen, die Ihren Vierbeiner motivieren und glücklich machen. Finden Sie heraus, welche Belohnung Ihr kleiner Vierbeiner besondern gern mag.

Durch Futter belohnen. Futter ist wohl die gängigste Form der Belohnung. Der Hund setzt sich beispielsweise auf ein Signal seines Menschen hin und erhält dafür einen Futterhappen. Hierbei ist es extrem wichtig, dass Sie Futter wirklich als Belohnung für beispielsweise die exakte Ausführung einer Übung einsetzen, niemals als Bestechung. Der Einsatz von Futter ist im Training enorm hilfreich. Dennoch darf der Mensch sich nicht vom Futter abhängig machen.

Nehmen Sie sich immer wieder Zeit, Ihren Hund zu beobachten. Solche Szenen wie hier das Spiel mit dem Laub sind wunderschön anzuschauen und verraten uns viel über den Spieltrieb des Hundes und seine Sicht auf die Welt.

Hat der Hund die Aufgabe verstanden, wird die Futterbelohnung nach und nach wieder abgebaut.

Durch Spielen belohnen. Für viele Hunde ist ein Spiel mit seinem Menschen eine tolle Belohnung. Hierbei kann sich der Vierbeiner, nachdem er sich während des Übens stark konzentriert hat, gut abreagieren. Ein Zerrspiel zum Beispiel bringt Hund und Mensch eng zusammen, und der Hund ist danach hoch motiviert weiterzutrainieren. Ein weiterer Pluspunkt: Funktioniert auch auf Entfernung super, indem man dem Hund das Spielzeug zuwirft.

Durch Streicheln belohnen. Bei taktilem Lob, also loben durch Streicheln, ist es wichtig, die Reaktion des Hundes zu beobachten. Viele Hundehalter glauben, Streicheln sei die tollste Belohnung für den Vierbeiner. Tatsächlich zeigen diese aber manchmal sogar Unbehagen. Sie weichen zurück, legen die Ohren an und ducken sich weg. Zum Teil liegt es daran, dass wir Menschen den Hunden gern auf den Kopf tätscheln. Das gefällt den meisten Vierbeinern nicht. Für viele Hunde passt Streicheln aber auch nicht in die Trainingssituation, denn hier kommt es ja auf Konzentration an. Wenn Sie Ihren Welpen streicheln, dann am besten unter dem Kopf oder in langen Strichen seitlich an Brust und Flanke. Lehnt Ihr Hund sich dabei an Sie an, genießt er es offensichtlich.

Mit der Stimme belohnen. Verbales Lob benutzen wir eigentlich ständig, oft auch in Kombination mit Futter oder einem gemeinsamen Spiel. Wir loben den Welpen mit Worten und einer freundlichen Ansprache. Lob durch die Stimme ist eine schöne Art, entspannt zu belohnen, ohne den Hund »aufzudrehen«. Gerade in ruhigeren Situationen reicht aber oft auch nur ein freundlicher Blick mit einem Lächeln. Hunde können diese Anerkennung richtig einordnen.

Nach Situation belohnen. Sie können Ihren Hund auch in einer Situation über bestimmte Reize belohnen. Hier ein Beispiel: Ihr Hund sieht einen Artgenossen. Sie rufen ihn zu sich zurück – und er kommt tatsächlich. Daraufhin erlauben Sie ihm, mit dem Artgenossen zu spielen. Dies kann für Ihren Welpen eine größere Belohnung sein als jedes Leckerchen.

ÜBUNG 3

NAMENSTRAINING

Der Welpe kennt seinen Namen nicht, wenn Sie ihn bei sich aufnehmen. Auch dieser muss trainiert werden.

ZIEL DES TRAININGS
Der Welpe soll lernen, dass er gemeint ist, wenn Sie ihn mit seinem Namen ansprechen. Dann können Sie jederzeit seine Aufmerksamkeit auf sich lenken.

1

Frieda, Lotta, Bello oder Sammy – sicher haben Sie schon tagelang überlegt, wie Ihr neues Familienmitglied heißen soll. Nun müssen Sie Ihrem Welpen nur noch beibringen, wer gemeint ist, wenn Sie ihn ansprechen. Benutzen Sie den Hundenamen jedoch nicht bei jeder Gelegenheit. Ansonsten nutzt sich der sorgsam ausgewählte Name ab und verliert seine Bedeutung für den Vierbeiner. Verwenden Sie stattdessen lieber Kosenamen.

ÜBUNGSSCHRITT 1:

- Beladen Sie Ihre Hand mit Futter und stellen Sie sich vor den Welpen.
- Dann sagen Sie seinen Namen und belohnen ihn genau in diesem Moment.

Wie oft üben? Wiederholen Sie diese einfache Übung rund 10 bis 20 Mal. Lotta, Futter geben – immer wieder.

Wichtig: Timing ist hier, wie bei fast allen Übungen, von großer Bedeutung. Der Welpe hat nur eine Reaktionszeit von etwa einer Sekunde. Innerhalb dieser kurzen Zeitspanne muss er belohnt werden. Belohnt man zu früh oder zu spät, kann es sein, dass man ein anderes, eventuell sogar unerwünschtes Verhalten belohnt und damit fördert.

ÜBUNGSSCHRITT 2:

- In der zweiten Übungsstufe passen Sie einen Moment ab, in dem der Hund ein wenig, aber nicht zu stark abgelenkt oder mit sich beschäftigt ist.
- Sagen Sie den Namen des Welpen und stupsen Sie ihn unmittelbar danach leicht in die Flanke.
- Reagiert der kleine Vierbeiner, gehen Sie zwei Schritte zurück, um eine einladende Körperhaltung einzunehmen.
- Belohnen Sie ihn anschließend. Auch das können Sie oft hintereinander üben. Bei jedem weiteren

1. Passen Sie einen Moment ab, in welchem der Welpe leicht abgelenkt ist. Sagen Sie dann seinen Namen und stupsen Sie ihn leicht in die Flanke.
2. Reagiert der Hund, gehen Sie zwei Schritte zurück und nehmen eine einladende Körperhaltung ein, indem Sie sich zu ihm herunterbeugen.
3. Gut gemacht! Jetzt folgt die Belohnung. Diese Übung können Sie mehrmals hintereinander trainieren. Nach etwa einer Woche kennt der Welpe seinen Namen.

Mal prägt sich der Name besser ein. Nach etwa einer Woche sollte Ihr kleiner Liebling verstanden haben, was der Klang seines Namens bedeutet, nämlich, dass er gemeint ist und er sich Ihnen zuwenden soll.

ÜBUNGSSCHRITT 3:

- Ist der Welpe abgelenkt, sprechen Sie ihn mit seinem Namen an.
- Dreht er sich erwartungsvoll zu Ihnen um, ist das ein klares Indiz dafür, dass diese Lektion erfolgreich abgespeichert wurde.
- Sprechen Sie Ihren Welpen jetzt mit Namen an, weiß er sofort: »Hey, ja, das bin ich!«

TYPGERECHTES WELPENTRAINING

Zu welchem Typ gehört Ihr Welpe? Hier bekommen Sie ein paar wichtige Tipps.

Tipps für Draufgänger
Bei einem Draufgänger-Welpen werden Sie vermutlich nur wenige Wiederholungen benötigen, bis Fortschritte sichtbar werden.

Tipps für Sensible
Hier sollten Sie besonders bei der Berührung vorsichtig sein, damit Ihr Welpe sich nicht erschreckt.

Tipps für Sturköpfe
Bei einem sturen Welpen werden Sie Ihren Vierbeiner etwas deutlicher anstupsen müssen.

Tipps für Gemütliche
Wiederholen Sie die Übung nicht allzu häufig, da der Gemütliche sonst schnell abschaltet.

ÜBUNG 4

MARKERSIGNAL

Das Markersignal ist ein Geräusch oder Wort, das der Hund unmittelbar mit einer Belohnung verknüpft.

ZIEL DES TRAININGS

Mit dem Markersignal können Sie Ihren Welpen punktgenau belohnen. Über das Markersignal verlängern Sie die Zeit zwischen richtigem Verhalten und Belohnung.

Dieses Signal bestätigt dem Hund, dass er alles richtig gemacht hat, und verspricht ihm eine Belohnung. Auch dann, wenn er weiter von Ihnen entfernt ist oder ein neues Verhalten erlernt werden soll. Eben immer dann, wenn wir es nicht schaffen, binnen der einen Sekunde Reaktionszeit den Welpen zu belohnen. Dann wird das Markersignal als ultimatives Versprechen auf Futter eingesetzt. Meist wird ein Clicker, ein Knackfrosch, dafür verwendet. Ich nutze dafür ein Wort oder Geräusch wie »Yes«, »Ja«, »Super« – oder nur ein Zungenschnalzen.

Entscheidend ist, dass das Markersignal kurz und knackig ist. Sie sollten sich damit wohlfühlen, und es sollte sich vom normalen Sprachgebrauch absetzen. Wenn Sie Zungenschnalzen häufig als Aufmerksamkeitsgeräusch benutzen oder »fein« ein normales Lobwort ist, eignet sich beides nicht als Marker. Das Markerwort belohnt ein bestimmtes Verhalten. Wird es im falschen Moment benutzt, bestärken Sie möglicherweise etwas, das Sie gar nicht wollen.

ÜBUNGSSCHRITT 1:

Der Ablauf des Trainings ist ähnlich wie der des Namenstrainings (→ Seite 114).

→ Nehmen Sie etwas Trockenfutter in die Hand und stellen Sie sich vor den Welpen.
→ Machen Sie das entsprechende Geräusch und belohnen Sie augenblicklich.

Wie oft üben? Wiederholen Sie diesen Übungsschritt 10 bis 20 Mal.

ÜBUNGSSCHRITT 2:

→ Trainieren Sie nun unter leichter Ablenkung des Welpen, ob er Ihr Markersignal verinnerlicht hat.
→ Sie sagen das Markerwort oder machen das Geräusch. Reagiert der kleine Vierbeiner? Wenn ja, dann hat er das Markersignal, das ihm Futter verspricht, gespeichert.

Wichtig: Lösen Sie das Futterversprechen konsequent ein. Tun Sie das nicht, verliert der Welpe mit der Zeit wieder sein Interesse an dem Markersignal.

DIE KOCHLÖFFELÜBUNG

Hat der Hund Ihr Markersignal gespeichert, können Sie mit ihm das sogenannte Shapen trainieren. Bei dieser Trainingstechnik soll der Vierbeiner an ein Ziel gelangen, das er sich mithilfe des Markersignals selbst erschließt. Der Hund lernt durch Ausprobieren, was gewünscht wird. Über das Markersignal kann man punktgenau belohnen und so dem Welpen den richtigen Weg weisen. Hier ein Beispiel:

Sie haben einen Alltagsgegenstand in der Hand, zum Beispiel einen Kochlöffel, und Futter in Reichweite, an das der Hund nicht herankommt. Ziel ist es, dass der Hund den Löffel mit der Schnauze anstupst.

- → Sobald Ihr Welpe in Richtung Kochlöffel schaut, geben Sie das Markersignal. Das Hinschauen zum Löffel wird ein paarmal hintereinander gemarkert und belohnt.
- → Vielleicht schaut er nicht nur zum Kochlöffel, sondern neigt den Körper in dessen Richtung. Macht er vielleicht schon einen halben Schritt auf den Löffel zu? Hier ist das Timing entscheidend. Jedes Verhalten, das dem Ziel näher kommt, wird gemarkert und belohnt. Schnuppert der Hund am Löffel, gibt es mehrere Futterstücke auf einmal.
- → Die Aufgabe lässt sich steigern, indem Sie den Löffel etwa vor sich halten oder weiter von Ihnen entfern auf den Boden legen.

TYPGERECHTES WELPENTRAINING

Zu welchem Typ gehört Ihr Welpe? Hier bekommen Sie ein paar wichtige Tipps.

Tipps für Draufgänger

Beim Draufgänger müssen Sie sehr genau sein, da er mitunter blitzschnell mit etwas anderem beschäftigt ist und Sie unter Umständen etwas anderes belohnen, als Sie möchten.

Tipps für Sensible

Das Markersignal sollte leise und freundlich sein. Es gibt sensible Hunde, die Angst vor etwa dem Clickergeräusch haben, dann besser ein Wort als Signal verwenden.

Tipps für Sturköpfe

Für ihn ist es wichtig, die Übung nicht zu häufig zu wiederholen, um die Motivation des Welpen hoch zu halten.

Tipps für Gemütliche

Gestalten Sie die Kochlöffelübung zunächst leicht, sodass der Hund gern mitarbeitet. Je mehr Erfolg er hat, desto schwieriger darf die Übung werden.

1. Nehmen Sie einige Trockenfutterstückchen in die Hand und gehen Sie vor dem kleinen Vierbeiner in die Hocke. So erzeugen Sie eine Erwartungshaltung beim Hund.
2. Das Markersignal sollte kurz und knackig sein, wie etwa ein »Yes« oder ein Geräusch. Nachdem Sie das Signal gegeben haben, wird der Hund augenblicklich belohnt.

ÜBUNG 5

BLICKKONTAKT

Indem der Welpe lernt, dass es sich lohnt, Sie anzuschauen, lenken Sie seinen Fokus uneingeschränkt auf sich.

ZIEL DES TRAININGS

Der Welpe soll in allen Situationen Kontakt zu Ihnen halten und nachfragen, was als Nächstes zu tun ist. Dadurch sind Sie stets in Kommunikation mit Ihrem Welpen, was den Alltag enorm erleichtert.

Blickkontakt üben, das klingt im ersten Moment banal. Für mich steckt aber gerade in dieser Übung besonders viel Elementares für den entspannten Alltag mit Hund. Denn hier geht es nicht um ein erlerntes Kunststück, sondern um eine grundlegende Kommunikation zwischen Hund und Mensch. Vielmehr noch, es geht um die Qualität der Beziehung zwischen dem Welpen und seinem Menschen.

Mein Hund sucht meinen Blick, und wir verständigen uns, wir verstehen uns. Das ist etwas Wunderbares. Wenn es Ihnen gelingt, jederzeit den Blickkontakt zwischen Ihnen und Ihrem kleinen Vierbeiner herzustellen, dann ist das etwas Inniges, etwas Vertrautes. Da Blickkontakt unter Hunden neben der Körpersprache ein wichtiges Kommunikationsmittel ist, wird Ihr kleiner Welpe dies bei Ihnen auch einzusetzen versuchen. Gehen wir Menschen aber über diese leise Art der Kontaktaufnahme immer wieder hinweg, stellt der Hund seinen suchenden Blick zu uns irgendwann ein. Hunde sind sehr erfolgsorientiert. Ein Verhalten, das sich für sie nicht lohnt, wird früher oder später eingestellt. Trainieren und bestärken Sie diesen Blick aber, dann wird sich diese sehr schöne Art der Kommunikation bei Ihrem Welpen einprägen und im Alltag eine große Hilfe sein.

ÜBUNGSSCHRITT 1:

Um den gezielten Blickkontakt zu trainieren, nehmen Sie Futterstücke in beiden Hände. Schließen Sie die Hände zu Fäusten und stellen Sie sich vor den Hund.

- → Halten Sie die Fäuste dicht beieinander vor die Nase des Hundes.
- → Ziehen Sie nun die Fäuste nach links und rechts auseinander.
- → Der Hund wird versuchen, sich auf das Futter zu konzentrieren. Lenken Sie seine Aufmerksamkeit durch ein kleines Geräusch auf sich.
- → In diesem Moment schaut der Hund von der Futterhand weg zu Ihnen hoch ins Gesicht.

→ Diese Zehntelsekunde – Achtung, Timing ist gefragt! – gilt es punktgenau zu markern.
→ Und dann gibt es die Futterbelohnung.

Wie oft üben? Diesen Übungsschritt 10 bis 20 Mal trainieren, je nach Temperament und Konzentrationsfähigkeit Ihres Welpen.

ÜBUNGSSCHRITT 2:

In diesem Übungsschritt soll Ihr vierbeiniger Liebling selbst nachdenken.
→ Nun lassen Sie das Aufmerksamkeitsgeräusch weg.
→ Der Hund soll nun von sich aus den Kontakt zu Ihnen suchen und in Ihr Gesicht schauen.
→ Schaut er zu Ihnen auf, belohnen Sie den Welpen durch Markern und anschließend mit Futter.
Wenn Ihr Welpe sofort in Ihr Gesicht schaut und gar nicht mehr Ihre Futterhand ansieht, können Sie beginnen, seinen Blick länger zu halten und später zu markern und belohnen. Hier müssen Sie in kleinen Schritten vorgehen.

Wie oft üben? Diesen Übungsschritt können Sie oft wiederholen, damit ihn sich Ihr kleiner Vierbeiner tief einprägt.

ÜBUNGSSCHRITT 3:

Sitzt die Übung im ruhigen Zuhause, trainieren Sie nun den Blickkontakt im Alltag – etwa beim Spaziergang durch Ihr Wohngebiet oder im, für den Hund, superspannenden Wald.

Wer sich für die Handfütterung entschieden hat, kann den Welpen über den Blickkontakt häufig belohnen (→ Seite 84). Passen Sie jedoch auf, dass Sie keinen »Bettelblick« belohnen. Das bedeutet, der Kleine »klebt« an Ihnen, schaut Sie zwar mit glänzenden Augen erwartungsvoll an, der Blick geht aber auch immer wieder zu Ihrer Futtertasche.

Der Welpe soll, indem er Sie anschaut, Kontakt zu Ihnen halten, nachfragen, was als Nächstes zu tun ist, Bestätigung suchen, aber kein Futter einfordern. Es ist ohnehin nur am Anfang so, dass jeder Blick des Welpen belohnt wird. Hat der Kleine begriffen, dass es sich lohnt, Sie anzuschauen, müssen Sie die Dinge wieder steuern. Belohnen Sie ihn dann je nach Situation. Sie haben Ihren Welpen angesprochen, er schaut, Sie belohnen. Er sieht einen fremden Hund, schaut aber zuerst zu Ihnen. Das ist auf jeden Fall belohnenswert. Auch hier ist es wichtig, dass Sie nach kurzer Zeit wieder der agierende Part sind.

1. Sie haben in jeder Hand etwas Futter und schließen nun die Hände zu Fäusten. Stellen Sie sich vor den Hund und halten Sie Ihre Fäuste vor die Nase des Vierbeiners.
2. Jetzt ziehen Sie die Hände mit dem Futter auseinander. Ihr kleiner Vierbeiner wird versuchen, sich ganz auf das Futter zu konzentrieren.

ÜBUNGSSCHRITT 4:

Im vierten Schritt festigen Sie den Blickkontakt in einer alltäglichen Situation. Der Welpe ist an der Trainingsleine. Und Sie läuten etwa das Abendessen ein.

3. Machen Sie etwa ein kleines Geräusch, um die Aufmerksamkeit Ihres Welpen auf sich zu lenken. Schaut er Sie an, markern Sie genau diesen Augenblick.

4. Der kleine Vierbeiner schaut Sie an. Blickkontakt hergestellt! Natürlich wird die geschenkte Aufmerksamkeit sofort mit Futter belohnt.

→ Befüllen Sie für den Hund gut sichtbar einen Napf mit Futter und stellen Sie ihn ein Stück von Ihrem Welpen entfernt auf den Boden.

→ Hindern Sie den Welpen nun mit der Leine daran, sich direkt auf das Futter zu stürzen. Er soll selbstständig den Druck von der Leine nehmen, indem er zum Beispiel einen Schritt zurück geht oder sich hinsetzt.

→ Warten Sie, ob Ihr Welpe von allein zu Ihnen hochschaut. Ist das nicht der Fall, machen Sie ein kleines Geräusch (schnalzen). Schaut er Sie an, sagen Sie Ihr Markerwort und belohnen, indem er das Futter im Napf fressen darf.

Die Napfübung lässt sich steigern. Was ist schon ein einzelner Napf, wenn direkt drei Näpfe locken? Hat der Welpe die Übung perfekt verinnerlicht, wird er vor jedem Napf um Ihre Erlaubnis bitten.

Wie oft üben? Diesen Übungsschritt können Sie drei bis vier Mal wiederholen, dann sollte gar kein Geräusch mehr nötig sein. Der Welpe sucht von allein den Blick zu Ihnen, denn er hat verstanden, dass er so viel schneller an sein Ziel kommen wird.

Selbstbeherrschung

Diese Übung ist übrigens keine einfache Konditionierung, sondern vielmehr zeigt sie dem Welpen etwas Grundlegendes: Lerne ich, mich zurückzunehmen und meinen Menschen um Erlaubnis zu fragen, bringt mich das schneller ans Ziel, und ich bekomme dazu noch die Anerkennung meines Frauchens oder Herrchens. Dadurch lernt der Welpe, sich selbst zu beherrschen und nicht jedem spannenden Impuls sofort nachzugeben. Hunde sind Jäger, also Beutegreifer. Als solche müssen sie in der Lage sein, sehr schnell zu reagieren, denn sonst ist der Hase weggehoppelt. Natürlich ist es rasse- und temperamentabhängig, wie stark ein Hund auf einen Reiz reagiert. Hüte- und Jagdhunde sind deutlich reizempfänglicher als Bernhardiner. Oft hängt es aber auch vom Reiz selbst ab. Der eine Vierbeiner ist nicht mehr zu halten, wenn er eine Wildspur in der Nase hat, dem anderen ist das Futter in Ihrer Hand wichtiger.

Unsere Umwelt ist insgesamt für Hunde fast schon reizüberflutet. Neben Joggern, Fahrradfahrern, spielenden Kindern gibt es Autos und Motorräder. Um nur einiges zu nennen. Vieles davon ist gefährlich. Deshalb ist es wichtig, dass Ihr Hund schon im Welpenalter lernt, nicht jedem Impuls zu folgen, sondern sich auch beherrschen zu können. Und, dass sich Beherrschung lohnt.

Die Übung Blickkontakt ist diesbezüglich eine gute Möglichkeit, das Ihrem Welpen zu vermitteln. Auch das Begegnungstraining (→ Seite 60) und die Entspannungsübungen (→ Seite 43) tragen dazu bei, die Selbstbeherrschung Ihres Youngsters zu trainieren.

TYPGERECHTES WELPENTRAINING

Zu welchem Typ gehört Ihr Welpe? Hier bekommen Sie ein paar wichtige Tipps.

Tipps für Draufgänger

Gerade der Draufgänger wird Probleme mit der Selbstbeherrschung haben. Hier kann die Napfübung einiges bewirken (→ Übungsschritt 4, Seite 119). Der Blickkontakt hilft dem Welpen, sich immer wieder auf Sie zu fokussieren und sich weniger schnell ablenken zu lassen.

Tipps für Sensible

Der Sensible ist ohnehin meist dicht bei Ihnen, weil er sich in Ihrer Nähe sicherer fühlt. Ihm liegt es fast schon im Blut, stets bei Ihnen nachzufragen, was er als Nächstes tun darf. Deshalb wird ihm diese Übung, Blickkontakt zu Ihnen zu halten, leichtfallen.

Tipps für Sturköpfe

Der Sturkopf wird bei der Napfübung lange in der Leine hängen, um unbedingt an den Napf zu kommen (→ Übungsschritt 4, Seite 119). Hier dürfen Sie sich frontal zum Hund drehen, um ihn kurz zu korrigieren. Sie helfen ihm damit, die richtige Lösung zu finden. Nach Blickkontakt zu Ihnen darf auch er dann fressen.

Tipps für Gemütliche

Im Wesen des Gemütlichen liegt es, ruhig und beherrscht zu sein. Da er meist aber auch recht verfressen ist, brauchen Sie im ersten Schritt Geduld, bis er wirklich in Ihr Gesicht schaut. Er wird allerdings nach kurzer Zeit herausgefunden haben, wie er am schnellsten an das Futter kommt, und deshalb die Übung mit Sicherheit bald beherrschen.

GUT ZU WISSEN

Für viele Welpen ist die Begegnung mit einem anderen Hund so aufregend, dass sie ihr Frauchen oder Herrchen komplett vergessen. Und was machen die jungen Hundeeltern? Häufig buhlen sie, ebenfalls aufgeregt, um die Aufmerksamkeit des Hundes. Schau mal hier, bitte komm, ich hab auch Leckerchen! Wenn ich das sehe, fühle ich mit den Welpenbesitzern und kann deren Not gut nachvollziehen.

BELOHNEN JA – BESTECHEN NEIN!

Dennoch weiß ich aus meiner Arbeit: Hier wird gerade komplett der falsche Weg eingeschlagen. Den Hund mit Leckerchen belohnen, das funktioniert wunderbar. Ihn aber mit Futter bestechen zu wollen, ist gar nicht günstig. Eigentlich geht es hier wieder um Blickkontakt (→ Seite 118) . Ich möchte die Aufmerksamkeit des Hundes haben, um ihn ruhig durch diese für ihn so aufregende Situation zu führen. Aber leider ist genau dieser entscheidende Blickkontakt eine Sache, die ich nicht erzwingen kann. Was also tun, um den aufgeregten Welpen in dieser Situation überhaupt erst einmal auf mich zu beziehen? Zunächst sollte er unbedingt die Trainingsleine tragen. Kommt Ihnen nun ein anderer Hund entgegen, können Sie sich dann auf die Leine stellen oder diese in die Hand nehmen. Der Welpe zieht und zieht.

BLICKKONTAKT HERSTELLEN

Irgendwann merkt auch ein sehr aufgeregter kleiner Hund, dass sein Gezerre ihn in keiner Weise näher zu dem Artgenossen bringt. Der Welpe hält inne – das kann einen Moment dauern – und sucht dann den Kontakt zu mir. Das ist der Moment, den ich sofort markere (→ Seite 116). Dann werfe ich Futter in die entgegengesetzte Richtung, weg vom Reiz. So zeige ich dem Welpen: Deine Kontaktaufnahme zu mir ist super und wird belohnt. Je häufiger der Welpe diese Situation erlebt, desto stärker wird seine Erwartungshaltung. Und weder er noch ich müssen von nun an in solchen Momenten vor Aufregung aus der Haut fahren.

ALLGEMEINES ZUM TRAINING

Eine ruhige Umgebung, eine positive Herangehensweise an die Erziehung des Welpen und seine Aufmerksamkeit bei sich halten zu können, sind die wichtigsten Voraussetzungen für das Training.

DAS TRAININGS-AMBIENTE

Das Training sollte am Anfang ohne Ablenkung stattfinden. Deshalb lassen sich die ersten kleinen Übungseinheiten gut zu Hause gestalten. Dort kann man zum Beispiel damit beginnen, das Kommando »Sitz« aufzubauen und zu verankern.

Langsamer Start mit kleinen Zeiträumen: Eine Trainingseinheit sollte nicht länger als fünf Minuten dauern, da die Aufmerksamkeitsspanne des jungen Hundes noch sehr kurz ist und Sie darauf achten müssen, ihn nicht zu überfordern. Das passiert schneller, als man anfangs denkt, und hat oft zur Folge, dass der Nachwuchs mit starker Aktivität darauf reagiert und gewissermaßen überdreht. Es ist anstrengend, den Welpen dann wieder herunterzuregulieren. Unter Umständen entwickelt der Hund sich bei dauerhafter Überforderung sogar zu einer Art Workaholic. Ein langsamer Übungsstart mit kleinen Zeiträumen - die durchaus auch öfter am Tag stattfinden dürfen, wenn der Hund es gut aufnimmt - wirkt dem entgegen und legt einen wichtigen Grundstein für eine gute Beziehung zwischen Hund und Halter. Erst nach und nach wird die Ablenkung gesteigert und die Umgebung gewechselt, damit der Vierbeiner das Gelernte generalisieren kann.

Gelassen starten: Wer bei der Hundeerziehung zu viel auf einmal möchte, läuft nicht nur Gefahr, den Hund zu überreizen, sondern macht sich selbst Druck und ist innerlich angespannt. Das wiederum überträgt sich auf den Welpen, belastet die Beziehung und den gemeinsamen Alltag.

DIE AUFMERKSAMKEIT DES WELPEN LENKEN

Wie erreichen Sie, dass Sie die volle Aufmerksamkeit Ihres Hundes bekommen? Ganz einfach, indem Sie sich für den Welpen interessant machen. Praktisch sieht das Ganze so aus: Sie müssen wissen, was Sie wollen - denn diese Klarheit nimmt der Hund auf. Nur dann kann der Hund erfassen, was Sie von ihm

Geschirr und Trainingsleine belasten den Welpen beim Tragen nicht und machen das Training draußen um einiges leichter für Sie.

möchten, und dies ausführen. Das Belohnen des erwünschten Verhaltens wirkt wie ein Aufmerksamkeitsmagnet. Denn Hunde sind hochsozial. Deshalb möchten sie sich angenommen und zugehörig fühlen, und sie lernen über Erfolg. Wenn der Welpe diese Erfolge emotional mit seinem Besitzer verknüpft, fließt das Interesse des Hundes automatisch dorthin.

Es klingt jetzt vielleicht reizvoll, den Hund mit gewissen Lockmitteln und Bestechungen motivieren zu wollen. Doch die besten Erziehungsresultate werden Sie immer erzielen, wenn Sie das natürliche gewünschte Verhalten des Hundes bestätigen. Dieses lässt sich übrigens enorm durch gemeinsames Spielen und durch Spaziergänge mit kleinen geplanten Herausforderungen, die die Bindung stärken, fördern. Bewegungsfreude und Hunde gehören im Prinzip untrennbar zusammen und machen den Alltag mit dem Vierbeiner wesentlich entspannter.

ÜBUNG 6

»SITZ« UND AUFLÖSEN

»Sitz« ist dem Welpen leicht beizubringen. Untrennbar mit jedem Kommando verbunden ist das Auflösen.

ZIEL DES TRAININGS

Der Hund soll lernen, sich auf Kommando hinzusetzen und erst auf ein bestimmtes Signal hin wieder aufzustehen. Egal, wo sein Mensch sich befindet und wie groß die Ablenkung auch sein mag.

Eines der elementarsten Kommandos ist das »Sitz«. Tatsächlich lernen Hunde relativ zügig, sich hinzusetzen. Die größere Herausforderung ist es, ein ruhiges Sitz zu üben, den Hund also zu trainieren, nicht aufzuspringen, sondern ruhig zu verweilen, bis ... ja, bis wann eigentlich?

Viele Hundehalter setzen den Übungen gar kein Ende. Also beendet der Hund das Sitz selbst und steht auf, wenn Frauchen oder Herrchen abgelenkt ist oder ihn belohnt hat. Aus Sicht des Hundes ist klar: Ich habe mich hingesetzt, da ist meine Belohnung, danke und auf Wiedersehen ... Das ist sehr schade, denn ein Hund, der wartet, bis ich ein Kommando auflöse, ist im Alltag wesentlich zuverlässiger. Außerdem spart ein verlässliches Auflösen jegliche Zwischenkommandos. Hunde, die jederzeit aufspringen, weil sie schlichtweg nicht wissen, dass sie sitzen bleiben sollen, werden oft mit einem lang gezogenen »Bleeiib« ermahnt. Und dieses Mahnen, das ist für Mensch und Hund echt spaßbefreit.

Deshalb empfehle ich: Direkt mit dem Sitz das Auflösen konsequent üben und einführen. Das macht Sinn, wirkt eleganter und ist ein echter Alltagshelfer.

ÜBUNGSSCHRITT 1:

Ich habe Futter in der Hand, und der Welpe wirkt trainingsbereit, macht also einen wachen, aufmerksamen Eindruck.

- → Ich stehe vor dem Welpen und zeige ihm das Futter in meiner Hand.
- → Dann spreche ich den Hund an, gehe rückwärts und ziehe meine Hand mit ausgestrecktem Zeigefinger nach oben, über den Kopf des Hundes. In diesem Moment ist es viel angenehmer für den Hund, zu sitzen als zu stehen, denn er möchte ja das Futter im Auge behalten.
- → Er setzt sich also hin, und ich markere diesen Moment (→ Markersignal, Seite 116).
- → Anschließend belohne ich den Schüler mit Futter.

→ Das übe ich immer wieder, lasse das Rückwärtslaufen aber nach und nach weg, bis sich das Sitz gut bei dem Welpen eingeprägt hat.
→ Setzt sich der Hund schon beim Anblick des Futters, führen Sie das Signal »Sitz« ein.

Wie oft üben? Die Übung wird fünf bis sieben Mal wiederholt. Dann lassen Sie das Rückwärtslaufen nach und nach weg.

ÜBUNGSSCHRITT 2:

Nun muss der Vierbeiner wissen, dass er wieder aufstehen darf. Dazu stehe ich neben meinem Hund, mache eine deutliche Bewegung nach vorn, werfe Futter und gebe gleichzeitig mein Auflösesignal. Mein Auflösewort heißt »Jetzt«. Von nun an endet jedes Sitz, jedes Platz und jedes andere Kommando mit einem »Jetzt«.

ÜBUNGSSCHRITT 3:

Jetzt geht es darum, dass der Hund tatsächlich bis zur Auflösung der Übung sitzen bleibt. Geduld ist meist nicht gerade die Stärke eines Welpen. Hier gilt es, die Geduld des kleinen Vierbeiners in kleinen Übungsschritten auszudehnen. Und das klappt super mit dem sogenanntem Intervallfüttern, der Belohnung in kurzen Abständen. Durch die Intervallfütterung bringen Sie Ruhe in die Übung. Der Welpe bleibt ruhig sitzen, da er auf mehr Futter wartet.
→ Dafür nehme ich viele, am besten kleine Futterstücke in meine Hand und bringe den Hund ins Sitz.
→ Dann belohne ich ihn, zunächst quasi ständig, alle zwei bis vier Sekunden mit einem Stückchen Futter.
→ Der Hund sitzt. Und wird belohnt. Er bleibt sitzen und wird belohnt.

Wie oft üben? Die Übung wird fünf bis sieben Mal wiederholt.

Wichtig: Achten Sie darauf, dass der Hund Ihnen nicht entgegenkommt, um an das Futter zu kommen.

1. Sie stehen vor dem Welpen und zeigen ihm das Futter in Ihrer Hand. Auf diese Weise erreichen Sie, dass sich der kleine Vierbeiner auf Sie konzentriert.
2. Dann sprechen Sie Ihren Vierbeiner an und gehen ein paar Schritte rückwärts. Der Hund lässt das Futter in Ihrer Hand nicht aus den Augen.

Gerade kleine Hunde recken sich gern zur Belohnung hin. Wer dann trotzdem Futter herausgibt, belohnt, ohne es zu wollen, genau das Gegenteil, nämlich das Aufstehen statt das Sitzenbleiben. Passiert es dennoch, dass der Welpe aufsteht, führen Sie ihn erneut in die Sitzposition, belohnen ihn jedoch nicht sofort. Erst drei bis fünf Sekunden später bekommt Ihr kleiner Vierbeiner Futter, ansonsten belohnen Sie das Aufspringen.

ÜBUNGSSCHRITT 4:

Und nun, ganz langsam – und das ist wichtig, denn der Hund soll durch Erfolg lernen und in dieser Lernphase nicht korrigiert werden müssen –, lassen Sie die Fütterungsintervalle größer werden.

Wichtig: Ihre größte Herausforderung heißt bei dieser Übung: Niemals das Auflösen vergessen! Nur wenn der Hund das Ende der Übung kennt, kann er sich bis zu diesem Punkt gedulden.

WIE EIN UHRWERK

Ein Kommando aufzubauen, bis es verlässlich funktioniert, ist für mich mit einem Uhrwerk vergleichbar. Diese Metapher umschreibt für mich perfekt, wie der Aufbau eines Verhaltensmusters ebenso zuverlässig wie eine Uhr funktioniert. Dafür gilt es fünf »Zahnräder« zu erstellen, die ineinanderarbeiten müssen. Welche das sind, möchte ich Ihnen anhand der Übung »Sitz und Auflösen« erklären.

Diese Zahnräder bis zur Perfektion einzustellen, ist ein Prozess über Monate. Hierbei kann es auch einmal nötig sein, einen Trainingsschritt zurückzugehen. Zum Beispiel dann, wenn Ihr Welpe eigentlich schon so weit war, ruhig sitzen zu bleiben, selbst wenn Sie acht Meter von ihm weggehen. Klappt das am nächsten Tag nicht mehr, entfernen Sie sich nur zwei oder drei Schritte von ihm. Hier ist wichtig, mit einer erfolgreichen Übung abzuschließen.

Die fünf Zahnräder

Diese fünf Komponenten garantieren den Erfolg eines Trainings:

1. Die Dauer der Übung. Am Anfang hat der Welpe nur kurz Geduld, bis ich die Übung beende und ihm das Auflösungssignal »Jetzt« gebe. Dann dehne ich den Zeitraum nach und nach ein Stück weiter aus.

2. Der Abstand zum Welpen. Sie entfernen sich Schritt für Schritt immer weiter von Ihrem sitzenden Welpen. Seien Sie dabei selbstbewusst und locker. Gehen Sie zunächst frontal zu ihm hingedreht rückwärts von ihm weg, dann seitlich, und zuletzt drehen Sie ihm beim Weggehen den Rücken zu. Die Königsdisziplin ist es, außer Sicht des Hundes gehen zu können, ohne dass dieser aufsteht.

3. Die Ablenkung. Was fliegt da für ein Spielzeug durch die Luft? Warum kommen die Kinder unerwartet in den Raum? Der Impuls aufzustehen wird durch Reize ausgelöst – und der Hund lernt Selbstbeherrschung, wenn er diesen Reizen widersteht.

3. Bleiben Sie abrupt stehen und ziehen Sie die Futterhand mit ausgestrecktem Zeigefinger nach oben über den Kopf des Welpen.

4. Damit er das Futter in Ihrer Hand weiterhin im Auge behalten kann, ist es für den Hund bequemer, sich hinzusetzen. Genau in diesem Moment wird er belohnt.

HÄUFIGE FEHLER

»Sitz« ist das Kommando, das jeder Hund beherrscht – meinen zumindest Frauchen und Herrchen. Tatsächlich denken viele Hundebesitzer, ein kurzes Herabsenken des Hinterteils des Vierbeiners sei schon ein ausgeführtes Kommando. Von wegen. Hier trennt sich die Spreu vom Weizen, und deshalb möchte ich Ihren Ehrgeiz wecken. »Sitz« ist ein einfaches Kommando, das gerade deshalb bis zur Perfektion ausgebaut werden kann – und dann wirklich Spaß und Sicherheit bringt. Dafür gilt es drei häufige Fehler zu vermeiden.

1. Das Kommando ständig wiederholen. Der Hund braucht kein lang gezogenes Wort in Dauerschleife (»Siiiiitz«), das von vielen bemühten Hundeeltern noch durch ein weiteres Kommando (»Bleeeeeeeib«) ergänzt wird. Im Gegenteil, denn dieser übertriebene Einsatz von Stimme und Körper kommt als reine Unsicherheit beim Hund an. Stattdessen braucht er Klarheit. Und dazu gehört, Fehler Nummer zwei zu vermeiden.
2. Das Auflösen vergessen. »Sitz«, ja okay, aber wie lange? Eben so lange, bis ich als Frauchen oder Herrchen die Situation bewusst beende. Die Übung »Sitz« braucht immer einen Beginn und ein Ende. Vergesse ich, die Übung für den Hund aufzulösen, entscheidet er, wie lange er verharrt. Und das wird dann gern mit der Zeit immer kürzer und kürzer.
3. Das Üben unter »Laborbedingungen«. Super, wie der Hund im Wohnzimmer sitzen bleibt. Aber wie sieht es auf der Wiese beim Spaziergang aus? Und auf dem Schotterweg, wo es links und rechts so wunderbar nach anderen Hunden riecht? Generalisieren heißt hier das große Stichwort. Üben Sie an verschiedenen Plätzen und bewahren Sie Ausdauer. So wird über Monate das Sitz Ihres kleinen Vierbeiners zu einer bombenfesten Verhaltensweise. Und das einfache Kommando zu einem großen Kunststück, mit dem Sie andere Hundehalter sicherlich sehr beeindrucken.

Steigern Sie die Ablenkung langsam und stetig. Sie werden beeindruckt sein, wie weit sich dieses Zahnrad stellen lässt. Der Hund bleibt sitzen.

4. Der Trainingsplatz. Das Wohnzimmer ist der erste Übungsort. Dann geht es in fremde Räume, an Plätze unter freiem Himmel, wie etwa den Garten, in die Natur, in die Stadt. Üben Sie auch auf verschiednen Untergründen wie Schotter, Gitter, Wiese, Schnee. Dieses Zahnrad läuft über die Generalisierung: »Sitz« gilt immer, egal, wie sich der Ort, die Akustik, der Geruch ändern.

5. Die Belohnung. Am Anfang belohnen Sie ständig. Und dann immer etwas weniger. Die Intervalle werden länger und länger, bis Sie das Futter ganz weglassen können.

Haben Sie das Gefühl, den Überblick über Ihr Training und den Fortschritt des Hundes zu verlieren, führen Sie sich immer wieder die einzelnen »Zahnräder vor Augen. Es gilt sie nach und nach auszureizen und dann auch zu kombinieren. Trainieren Sie einmal unter enormer Ablenkung, dafür sehr kurz. Dann wieder im ruhigen Wohnzimmer und lassen sich mit dem Belohnen Zeit. Mit Geschick und Fingerspitzengefühl spielen Sie auf diese Weise dasselbe Kommando unter unterschiedlichen Bedingungen immer wieder durch. Wenn alle Zahnräder häufig bedient wurden, sind sie eingestellt und laufen flüssig ineinander ohne sich zu verhaken und zu kollidieren.

Das Ineinandergreifen der einzelnen Zahnräder habe ich Ihnen nun am Beispiel der Übung »Sitz« erklärt. Dies gilt aber ebenso für alle anderen Kommandos. Von der Herangehensweise ist der Aufbau immer gleich: Zunächst lernt der Hund, was Sie möchten. Dann, dass er das Kommando ausführt, bis Sie es auflösen. Sie können sich vom Hund wegbewegen. Dazu kommt die Ablenkung, die stetig gesteigert wird. Sie beginnen, die Trainingsplätze zu variieren. Die Belohnungsintervalle werden ausgedehnt. Dennoch ist es wichtig, sich Zeit zu nehmen, nicht zu viel auf einmal zu wollen und kleinschrittig vorzugehen.

TYPGERECHTES WELPENTRAINING

Zu welchem Typ gehört Ihr Welpe? Hier bekommen Sie ein paar wichtige Tipps.

Tipps für Draufgänger

Gerade beim Draufgänger müssen Sie darauf achten, ruhig zu arbeiten. Er wird bei der Intervallfütterung versuchen, Ihnen das Futter aus der Hand zu reißen. Er hat weniger Geduld als die anderen. Passen Sie die Übungseinheiten entsprechend an. Dafür werden Sie, durch seine schnelle Auffassungsgabe, weniger Wiederholungen brauchen.

Tipps für Sensible

In reizarmer Umgebung wird Ihr Sensibelchen konzentriert mitarbeiten. Hier wird es schwieriger, wenn Sie beginnen, die Umgebung zu wechseln. Bauen Sie das Sitz zu Hause so sicher wie möglich auf. Erst dann üben Sie mit ihm unter leichter Ablenkung. Hier muss man langsam vorgehen. Üben Sie nur, wenn die Aufmerksamkeit des Hundes ganz bei Ihnen ist.

Tipps für Sturköpfe

Beim Sturen hängt die Trainingsbereitschaft von der Tagesform ab. Sie kennen das ja schon von Ihrem Kleinen! Passen Sie auch hier das Training an und seien Sie kreativ, um ihn immer wieder neu zu motivieren.

Tipps für Gemütliche

Dem Gemütlichen wird es gefallen, länger sitzen zu bleiben. In der Regel ist er nicht reizanfällig, sodass Sie Ablenkungen schneller steigern können. Oft legen die Gemütlichen sich aber gern hin, wenn es länger dauert. Gehen Sie dann ruhig zu ihm zurück, ziehen ihn mit einem Leckerchen in die Sitzposition, ohne ihn zu füttern. Belohnt wird erst fünf Sekunden später, wenn er sitzen geblieben ist.

Ach, dieser Welpenblick – zum Dahinschmelzen! Aber schauen Sie genau hin. Welcher Charakter verbirgt sich wohl hinter diesen braunen Augen?

ÜBUNG 7

LEINENFÜHRIGKEIT

Haben Sie die Leinenführigkeit sorgfältig mit Ihrem Welpen trainiert, können Sie sich auf entspannte und stressfreie Spaziergänge freuen.

ZIEL DES TRAININGS

Der Welpe läuft an Halsband und Führleine entspannt neben Ihnen. Er soll an durchhängender Leine ruhig neben Ihnen gehen, auch bei Ablenkung.

Mit unserer Erziehungsmethode könnte unser Welpe eigentlich immer ohne Leine laufen und würde gefahrlos an unserer Seite bleiben. Tatsächlich gibt es aber in den innerstädtischen Bereichen Zonen, in denen das Ordnungsamt eine Leine vorschreibt, und auch in gefährlichen Situation ist sie eine optimale Absicherung. »Ohne Leine geht es besser.« Haben Sie diesen Spruch schon einmal von einem Hundebesitzer, dessen Hund unangeleint auf Ihren Hund zustürmte, zugerufen bekommen? Seien Sie gewiss: Das ist kein Zeichen für großes Einfühlungsvermögen in die Hundeseele, sondern schlicht ein Zeichen fehlender Erziehung.

Für uns Menschen gehören Hund und Leine optisch zusammen. Für den Welpen ist eine Leine aber etwas völlig Fremdes. Gewöhnen Sie Ihren kleinen Vierbeiner also behutsam an diesen neuen Begleiter (→ ab Seite 51). Wenn Sie später nicht von Ihrem erwachsenen Vierbeiner durch den Park gezogen werden wollen, sollten Sie dem schon im Welpenalter vorbeugen und zwischen Geschirr und Trainingsleine beziehungsweise Halsband und Führleine unterscheiden. Es ist nicht ratsam, dem Welpen von Anfang an das Halsband und die kurze Führleine anzulegen. Der Kleine zieht intuitiv an der Leine, und schon hat er sich nach einigen Malen das Zerren daran angewöhnt.

Überlegen wir zunächst, warum der Hund zieht. Er findet seine Welt extrem spannend, lässt sich von allem leicht ablenken und möchte seine Umgebung entdecken. Die Leine hindert ihn daran, und so zieht er. Die normale Reaktion von uns Menschen ist, ihm mehr Raum zu geben, indem unser Arm mitgeht, wir vielleicht sogar ein paar Schritte in die vom Hund angestrebte Richtung mitgehen. Das bedeutet, der Welpe hat Erfolg mit dem Ziehen. Geschieht dies am Halsband, mag es unangenehm für ihn sein, aber der Erfolg, seinen Willen durchgesetzt zu haben, wiegt für ihn schwerer. Ja, der Welpe zieht auch an Geschirr und Trainingsleine. Aber durch deren Länge hat der Kleine mehr Bewegungsfreiheit, sodass es häufig gar nicht zum Ziehen kommt. Darüber hinaus sind Geschirr und Trainingsleine sozusagen unsere »Schwimmflügel«, die schließlich weggelassen werden. Bis dahin sollte der Hund eine sichere Leinenführigkeit am Halsband erlernt haben. Trainieren Sie die Leinenführigkeit konsequent mit Halsband und Führleine. Mensch und Hund sollten konzentriert bei der Sache sein.

Wichtig: Die beste Vorübung für Leinenführigkeit ist das Begrenzen (→ Seite 104), hier vor allem der Schritt »Den Hund hinter sich halten« (→ Übungsschritt 3, Seite 107). Haben Sie das schon auf dem Trainingsplan abgehakt und erfolgreich geübt, können Sie nun motiviert mit der Führleine trainieren.

ÜBUNGSSCHRITT 1:

Zunächst einmal üben wir das Ritual des An- und Ableinens.

- → Ihr kleiner Vierbeiner trägt das Halsband und sitzt neben Ihnen.
- → Sie befestigen die Führleine am Halsband. Markern Sie die Ruhe des Welpen und belohnen Sie ihn (→ Markersignal, Seite 116).
- → Dann klicken Sie die Leine aus.
- → Lösen Sie die Übung mit einem »Jetzt« auf.

Wie oft üben? Diesen Vorgang wiederholen Sie fünf bis acht Mal.

Der Hund wird sich in Zukunft ruhig und freudig an die Leine nehmen lassen.

ÜBUNGSSCHRITT 2:

Bei der Leinenführigkeit ist es wichtig, dass der Welpe sowohl rechts als auch links an Ihrer Seite laufen kann. Das muss natürlich geübt werden.

1. An das Anleinen muss der Welpe gewöhnt werden. Das erste Training funktioniert ganz ohne Bewegung. Der Welpe trägt das Halsband und sitzt vor mir.
2. Ich klicke die Führleine am Halsband ein und markere das ruhige Verhalten des kleinen Vierbeiners, das er währenddessen zeigt.
3. Der Welpe hat sich seine Belohnung verdient, und ich kann die Leine ausklicken. Nach diesem positiven Erlebnis lässt sich der Hund zukünftig gern anleinen.

- → Ihr Vierbeiner ist am Halsband angeleint und sitzt neben Ihnen. Geschirr und Trainingsleine befinden sich immer noch am Hund. Sie können die Trainingsleine während der Übung einfach hinterherschleifen lassen.
- → Sie haben Futter in der dem Hund gegenüberliegenden Hand. Nun starten Sie ein paar Schritte, Ihr Körper ist dem Welpen zugeneigt. Er weiß, dass er Futter bekommen kann, und bleibt aufmerksam neben Ihnen.
- → Bevor der Hund nun auf die Idee kommt, Sie zu überholen, bauen Sie einen abrupten Richtungswechsel ein. Dadurch vereiteln Sie das Überholmanöver Ihres Welpen. Er kommt wieder an Ihre Seite. Diesen Moment belohnen Sie. Auch hier ist wieder Dynamik gefragt, da diese den Welpen aufmerksam hält.
- → Dann bleiben Sie stehen. Der Hund soll sich nun setzen.
- → Leinen Sie Ihren Welpen ab.
- → Lösen Sie die Situation mit einem »Jetzt« auf.

Wie oft üben? Üben Sie auf jedem Spaziergang einige Minuten.

Wichtig: Durch die Richtungswechsel kommt der Hund gar nicht in die Versuchung, an der Leine zu ziehen. Auf diese Weise gelingt die Leinenführigkeit zunächst ohne jede Korrektur.

ÜBUNGSSCHRITT 3:

Erst im dritten Schritt kommt eine Begrenzung hinzu, indem Sie nun die Richtungswechsel weglassen. Setzen Sie hier Ihr Wissen und Können zur Übung »Den Hund hinter sich halten« ein (→ Übungsschritt 3, Seite 107). Leichter ist es anfangs, mit einer natürlichen seitlichen Begrenzung, wie etwa einer Hecke oder einem Zaun, zu trainieren.

- → Der Hund läuft hinter oder neben Ihnen.
- → Sobald er Sie überholt, korrigieren Sie ihn und achten auf sein Feedback. Wirkt er beeindruckt und defensiv? Dann war Ihr Auftreten prima.
- → Jetzt drehen Sie sich raus und warten.
- → Bleibt Ihr kleiner Vierbeiner stehen und schaut Sie an, geht es weiter.
- → Nun stehen ein Tempowechsel und ein kleiner Test an. Hat der Hund verstanden und Ihre Begrenzung

4. Noch immer trägt der Welpe Geschirr und Trainingsleine, doch die Führleine am Halsband ist neu. Laden Sie Ihren Welpen ein mitzukommen.

5. Sie haben Futter in der Hand und drehen sich leicht zum Welpen hin. Sobald er motiviert neben Ihnen läuft, bestätigen Sie ihn mit dem Futter.

6. Bevor der Welpe Sie überholt, bauen Sie einen abrupten Richtungswechsel ein. Sobald der Hund wieder an Ihrer Seite ist, wird dieser Moment belohnt.

akzeptiert? Gehen Sie plötzlich viel langsamer, schleichen Sie.

→ Wenn der Hund sich dann an Ihrem Tempo orientiert und weiter etwa auf Kniehöhe bleibt, markern Sie sein Verhalten und belohnen Sie ihn. Super Leistung!

→ Und wenn der Hund doch ausbricht, ist das auch nicht schlimm und in dieser Trainingsphase fast schon üblich.

→ Korrigieren Sie ihn in gewohnter Weise. Aber tatsächlich nur dann, wenn er Sie wirklich überholt – nicht aber, wenn Sie nur vermuten, dass er dies vorhat. Solch eine Korrektur könnte der Hund nicht verstehen.

TYPGERECHTES WELPENTRAINING

Zu welchem Typ gehört Ihr Welpe? Hier bekommen Sie ein paar wichtige Tipps.

Tipps für Draufgänger

Aufgrund der Aufgeregtheit und der Neugierde des Draufgängers sollten Sie nur langsam und mit Fingerspitzengefühl die Ablenkung steigern. Bleiben Sie bei Ihrem Draufgänger stets darauf gefasst, dass er doch noch einmal in die Leine springt, weil der Reiz zu verführerisch war – auch wenn er die Leinenführigkeit eigentlich schon begriffen hat.

Tipps für Sensible

Bei einem sensiblen Vierbeiner sollten Sie zunächst mit der Korrektur vorsichtig sein. Vielleicht reicht ja Ihr Korrekturgeräusch, beispielsweise ein Zischen, schon aus, wenn er versucht, Sie zu überholen. Oder Sie machen ein Schleifgeräusch mit den Schuhen. Viele Hunde sind dann mit ihrer Aufmerksamkeit sofort wieder bei ihrem Menschen.

Tipps für Sturköpfe

Der Sture möchte über einen längeren Zeitraum nur kurze Übungseinheiten absolvieren. Dafür können Sie öfter mit ihm trainieren. Hier gilt, mehr noch als bei den anderen Typen: kurze Trainingseinheiten, sehr exakte Ausführung der Übung, dafür aber öfter trainieren. Auch der Unterschied zwischen richtig und falsch muss für den Vierbeiner ganz klar sein.

Tipps für Gemütliche

Der Gemütliche braucht viel Motivation. Hier darf mit Lob nicht gespart werden, wenn er bereitwillig die Trainingseinheiten absolviert. Versuchen Sie, so zu trainieren, dass Sie möglichst wenig korrigieren müssen, damit er freudig bei der Sache bleibt. Insgesamt wird Ihr Vierbeiner die Leinenführigkeit aber mit Sicherheit schnell erlernen, da er ganz und gar nichts dagegen hat, gemütlich neben Ihnen herzuschlendern.

HÄUFIGE FEHLER

Die Leinenführigkeit klappt bei vielen Mensch-Hund-Gespannen trotz viel Mühe nicht so richtig. Vermeiden Sie die folgenden Fehler:

1. Geschirr und Führleine nicht konsequent unterscheiden. Halsband und Führleine gehören zusammen, nicht aber Geschirr und Führleine. Ansonsten wird Ihre Kommunikation schwammig. Und selbst wenn der Hund den Willen hat, sich richtig zu verhalten, weiß er dann unter Umständen nicht, was Sie von ihm erwarten.
2. Die Korrektur kommt nicht an. Der Welpe läuft an Ihnen vorbei - und Sie korrigieren ihn. Leider mit zu wenig Einsatz. Der Hund vorneweg bemerkt gar nicht, dass er sich gerade nicht richtig verhält. Seien Sie deshalb mit der Korrektur besonders genau und beobachten Sie sein Feedback. Hat er Sie verstanden?
3. Der Tempowechsel wird vernachlässigt. Damit der Hund weiß, dass Sie die Geschwindigkeit bestimmen, müssen Sie genau diese variieren - und zwar klar und deutlich. Das bedeutet, abrupt abzubremsen, abrupt schneller zu werden. Der Welpe muss die Veränderung im Tempo deutlich spüren, um sich mit seinem Tempo Ihrem anzupassen.
4. »Ein bisschen Ziehen ist okay.« Das sagen oft die gepeinigten Hundehalter. Natürlich kann der Hund damit nichts anfangen. Er weiß nur, wer bestimmt. Darf er an der Leine ziehen, gibt er das Tempo vor.
5. Zu schnell das Training steigern. Die Leinenführigkeit ist für Hunde ziemlich schwer zu verinnerlichen. Üben Sie mit Ausdauer. Am Anfang immer an derselben Stelle, an der eine seitliche Begrenzung vorhanden ist. Die Übung wird langsam ausgebaut, um hinterher fehlerfrei zu funktionieren.
6. Die Übung nicht steigern. Klappt das Training auf der gewählten Übungsstrecke, wird es Zeit, die Übung zu steigern. Nehmen Sie Ihren Welpen auch mal an einem Ort an die Leine, an dem er sonst frei laufen darf. Jetzt zeigt sich, ob er die Lektion verstanden hat.

Wie oft üben? Geübt wird zwei bis drei Mal am Tag in kurzen Sequenzen. Anfangs ist es hilfreich, immer am gleichen Ort zu üben. Auch hier gilt: Zunächst ohne große Ablenkung üben. Erst allmählich beginnen Sie, an unterschiedlichen Orten unter steigender Ablenkung zu trainieren.

Wichtig: Die Länge der Leine und wie Sie sie handhaben, hilft Ihnen bei der Leinenführigkeit (→ Führleine, Seite 28 und 53). Sie sollten die Leine in nur einer Hand locker festhalten. Halten Sie sie dagegen in beiden Händen, »fesseln« Sie sich selbst. Sie können dann im Fall einer notwendigen Korrektur körpersprachlich nicht mehr klar auf Ihren kleinen Vierbeiner einwirken.

Die Leine wird so kurz gehalten, dass der Karabinerhaken locker hängt, wenn Ihr Welpe sich an Ihrer Seite befindet. Ist die Leine dagegen länger und der Hund überholt Sie, sind Sie nicht mehr in der Lage, vor den Welpen zu kommen, um ihn entsprechend zu korrigieren.

ÜBUNGSSCHRITT 4:

Im finalen Schritt der Leinenführigkeit geht es darum, Dauer und Ablenkung zu steigern und Hilfen abzubauen. Zunächst einmal laufen Sie immer mehr in der Mitte des Weges, weg von der seitlichen Begrenzung (Zaun, Hecke). Nun beginnen Sie auch, an vielen unterschiedlichen Orten zu trainieren. Durchaus auch schon mal auf Wegen, wo Ihr Welpe gewöhnlich immer ohne Leine läuft. Denn ist die Leinenführigkeit generalisiert, also in den normalen Alltag eingebaut, wird Ihr Welpe mit dem Anlegen der Führleine konzentriert die erlernte Regel befolgen. Ihr Hund geht nun super an der Leine, egal, ob Sie sich mit ihm in der Stadt befinden oder nur wenig Ablenkung herrscht. Sie und Ihr Vierbeiner zeigen Ihrer Umwelt ein harmonisches Mensch-Hund-Bild.

Der kleine Vierbeiner läuft brav neben mir. Ein konsequentes Leinentraining macht den Spaziergang für Mensch und Hund entspannter.

ÜBUNG 8

DER PERFEKTE RÜCKRUF

Der Rückruf ist unbestritten das wichtigste Kommando. Kommt Ihr Hund stets zuverlässig zu Ihnen zurück, bedeutet das im Umkehrschluss mehr Freiheit für Sie und Ihren Vierbeiner.

ZIEL DES TRAININGS

Der Welpe soll lernen, auf Ruf oder Pfiff immer sofort zu Ihnen zu kommen – ob er nun gerade im Spiel mit anderen Hunden ist, schnüffelnd die Umgebung untersucht oder gerade etwas für ihn höchst Interessantes entdeckt hat.

Der Rückruf, das ist eines der wichtigsten Kommandos in der Hundeerziehung. Ein Hund muss lernen, zu seinem Frauchen oder Herrchen zurückzukehren – und das im Idealfall sofort, so als würde er an einer unsichtbaren Schnur herangezogen. In der Praxis sehe ich aber häufig Hund-Mensch-Teams, bei denen es unter »Laborbedingungen«, sprich ohne jegliche Ablenkung, beispielsweise durch andere Hunde oder Wild, sehr gut klappt. Doch auf diese synthetische Situation kommt es nun einmal leider nicht an.

Der Rückruf muss vor allem draußen perfekt sitzen. Aber die Welt ist für den Vierbeiner spannend, riecht verführerisch, und Reize wie beispielsweise die Begegnung mit Artgenossen sind nicht planbar. Das Ergebnis ist ein Bild, das wir alle kennen. Hundebesitzer, die rufen, pfeifen, trommeln – und den Angstschweiß auf der Stirn haben. Hetzt der Hund gerade Wild? Ist er weg? Läuft er Gefahr, auf die hinter der Wiese liegende Bundesstraße zu laufen?

DIE BESTE TRAININGSMETHODE

Viele Jahre habe ich mich mit diesem Thema eingehend beschäftigt und die unterschiedlichsten Trainingsmethoden mit all ihren Vor- und Nachteilen ausprobiert. Bei fast allen Methoden ist zu beobachten, dass alles wunderbar klappt, solange keine Ablenkung vorhanden ist. Bei den ganz jungen Welpen läuft auch alles wunderbar, da der natürliche Folgetrieb noch vorhanden ist und der kleine Kerl ohnehin den Anschluss nicht verlieren will.

Mit zunehmendem Alter jedoch werden die Hunde reizempfänglicher. Sie erkunden neugierig ihre Welt, und der Radius um den Menschen vergrößert sich. Dieser ruft, Bello reagiert nicht. Das Rufen wird lauter, drängender. Hund schaut sich um und wartet auf die Show, die sein Besitzer gleich veranstalten wird. Als geschickter Geschäftsmann, der unser Hund ist, wägt er nun genau ab. Was ist interessanter? Der Mensch oder der jeweilige Reiz, meist in Form anderer Hunde, Kinder oder fütternder Passanten.

Mein Trainingsansatz

Mein Ansatz zu diesem Thema wurde ein anderer. Im besten Fall sollte der Hund nicht mehr nachdenken, dieses Abwägen musste umgangen werden. Ich wollte einen Trainingsaufbau, der über ein bestimmtes Signal beim Hund ein reflexartiges Verhalten auslösen würde. Sodass er aus vollem Lauf, egal wie hoch der Reiz auch sein mag, gleichsam mit quietschenden Reifen bremst, wendet und zurückgaloppiert kommt. Das ist möglich!

Die Triebe des Hundes nutzen

Unbestritten lieben die meisten Hunde Futter. Aber sie haben darüber hinaus noch eine Menge anderer Leidenschaften. Beim Rückruf arbeiten wir mit allem, was der Hund spannend findet: Spieltrieb, Beutetrieb, Fresstrieb, Jagdtrieb, Folgetrieb.

WICHTIGES VORAB

Bevor es konkret ans Üben geht, gilt es ein paar wichtige Aspekte zu berücksichtigen, die Sie für sich vorab klären sollten.

DAS SIGNAL

Welches Wort wählen Sie, damit der Hund sich auf der Stelle umdreht? Als kontraproduktiv hat sich hier der Name des Hundes erwiesen. Leider wird der Name des Hundes viel zu häufig benutzt und hat sehr oft keine Bedeutung mehr. Darüber hinaus sollte ein Wortsignal kurz und deutlich sein, was nicht bei allen Hundenamen gegeben ist. Wenn man sich für ein Wortsignal entscheidet, muss dieses sehr durchdringend sein – beispielsweise ein lang gezogenes, betontes »Hiiier« – und in Ihrem normalen Sprachgebrauch nur selten vorkommen.

Nach meiner Erfahrung hebt sich ein Pfiff deutlich von jedem Wortsignal ab, und man kann nicht emotionsgeladen pfeifen (Rückruf soll immer gleich klingen). In der Praxis hat sich außerdem gezeigt, dass der Pfiff weniger Wiederholungen erfordert, da der Ton deutlicher und klarer ist, sich besser abhebt.
Selber pfeifen wäre natürlich auch eine Alternative. Aber mal ehrlich … Möchten Sie auf den Fingern pfeifen, die eben noch die warme Haufentüte aufgehoben haben?

Die Hundepfeife

Ich empfehle also eindeutig eine Hundepfeife. Sie hat nur einen kleinen Nachteil – man darf sie nicht vergessen.
Im Zoofachhandel gibt es mehrere Arten von Pfeifen, gute und schlechte. Ich möchte ein deutliches, durchdringendes Signal aufbauen, das der Hund auch dann noch wahrnimmt, wenn er weiter weg oder stark abgelenkt ist. Deshalb ist es gut, wenn man selbst das Signal auch hören kann. Aus diesem Grund eignen sich hochfrequente Pfeifen weniger. Auch Trillerpfeifen sind ungeeignet. Da die wenigsten von Ihnen Jäger sein werden, brauchen Sie auch keine Doppelpfeife. Am besten eignen sich industriell hergestellte Pfeifen, die man bei Verlust unproblematisch nachkaufen kann. Hierbei auf die Frequenz der Pfeife achten, die man zuerst erworben hatte. Diese Hundepfeifen gibt es auch in vielen unterschiedlichen Farben. Zu jedem Outfit eine …

WAS MAN SONST NOCH BRAUCHT

Da alle Leidenschaften Ihres Hundes angesprochen werden sollen, braucht es für die meisten Hunde ein sogenanntes Superleckerchen. Etwas, für das Ihr Hund alles tun würde und das er sonst nicht bekommt. Ab dem Zeitpunkt, ab dem man mit dem Rückruftraining beginnt, erhält der Hund diese Superbelohnung – exklusiv nur für den Rückruf.

Superbelohnung Futter: Das können zum Beispiel Käsewürfel, Geflügelfleischwurst oder auch gebratene Hähnchenherzen sein. In jedem Fall sollte die Belohnung einen für den Vierbeiner genialen Geruch und Geschmack haben. Käse oder Wurst sollte in Würfel geschnitten sein, da sie »hüpfen« sollen, wenn Sie sie werfen. Abgestimmt auf die Hundegröße, jedoch so groß, dass der Hund die Würfel noch gut sehen kann.

Superbelohnung Spielzeug: Einige Hunde lieben Spielzeug mehr als jedes Futter. Für sie setzt man dann das Lieblingsspielzeug ein. Auch dieses muss spannend sein. Man kann beides – Futter und Spielzeug – auch variabel einsetzen. Finden Sie heraus, was Ihr kleiner Vierbeiner am meisten mag, worauf er so richtig abfährt!

Eine gute Wurftechnik: Bevor wir mit dem eigentlichen Training beginnen, müssen Sie sich nun noch eine gute Wurftechnik aneignen. Denn wenn es gleich – endlich – in die Praxis geht, muss alles spannend sein, was Sie tun. Stellen Sie sich vor, Sie stehen an einem idyllischen Bergsee. Sie sammeln flache Steine. Diese Steine lassen Sie über die Wasseroberfläche springen. Dieses Gefühl des Stolzes und der Freude, wenn es klappt, soll Ihr Hund haben, wenn er gleich seine Belohnung »erjagen« darf. Heißt, seine Belohnung wird geworfen wie der Stein an jenem Bergsee und soll auch genau so fliegen. Die geworfene Belohnung soll im Hund die Vorstellung eines flüchtenden Beutetieres, etwa einer Maus, auslösen. Dadurch wird das Ganze noch interessanter

und unwiderstehlich für ihn. Hierzu unbedingt auch das Video anschauen (→ Seite 136)!

Information abspeichern: Die Superbelohnung soll helfen, die neue Information tief im Gehirn des Hundes abzuspeichern. Aber: Auch hier ist es wichtig, dass die vielen Hilfen, derer wir uns gerade beim Rückruf bedienen, auch wieder abgebaut werden müssen. Sie werden also nicht die nächsten 15 Jahre mit Käse in den Taschen rumlaufen. Da wir aber an das Langzeitgedächtnis des Hundes ran wollen, braucht es einen langen, sorgfältigen Aufbau über mehrere Monate hinweg. Auf die Lebenszeit Ihres Hundes gesehen, sollte Ihnen klar sein, dass dieser Aufwand mehr als lohnt, da Sie dann viele, viele Jahre entspannte Spaziergänge mit Ihrem vierbeinigen Begleiter genießen können.

ÜBUNGSSCHRITT 1:

Der erste Eindruck, den der Hund gewinnt, ist wichtig. Alles soll überraschend, spannend und neu sein. Dafür müssen Sie bestmöglich vorbereitet sein. Im ersten Schritt spielt die Pfeife noch nicht mit.

- → Sie haben die tolle Belohnung in der Hand und spielen den Hund kurz mit spannenden Bewegungen an. Dieser nimmt den Geruch wahr, ist ganz fokussiert auf Sie.
- → Dann wird, wie auf Seite 137 beschrieben, geworfen (→ Bergsee). Unbedingt darauf achten, so zu werfen, dass der Hund es auch sieht.
- → Er darf sich seine Belohnung nun erjagen und enthusiastisch hinterherrennen.

Wie oft üben? Dieser Übungsteil wird so lange wiederholt, bis der Hund leidenschaftlich und zuverlässig seine Belohnung erjagt.

Wichtig: Sehr junge Hunde haben oft noch Probleme mit der Orientierung. Hier etwas vorsichtiger sein und nicht zu weit werfen.

ÜBUNGSSCHRITT 2:

Jetzt kommt die Pfeife ins Spiel. Nun geht es darum, eine größtmögliche Spannung und Vorfreude im Hund zu erzeugen.

→ Zeigen Sie dem Hund die Belohnung.
→ Laufen Sie jetzt ein paar Schritte rückwärts, holen zum Wurf aus und verharren für zwei bis drei Sekunden.
→ In freudiger Erwartung wird der kleine Vierbeiner nun vor Ihnen stehen. Stellen Sie sich den Moment bei einem Formel-1-Rennen vor. Alles wartet gespannt auf das Zeichen zum Start. Kurz bevor die Spannung unerträglich wird, leuchtet das grüne Licht auf, und es geht los. Ähnlich ist es jetzt beim Hund.
→ Sie pfeifen nun, und endlich, endlich fliegt die Belohnung. Das Jagdspiel beginnt.

Wie oft üben? Über etwa fünf Tage wird dieser Schritt immer wieder trainiert. Jedoch nicht mehr als drei bis fünf Mal am Tag.

Wichtig: Zwischen diesen Aktionen muss sich ein kleiner zeitlicher Abstand befinden, da der Vierbeiner das neue Geräusch sonst ausblendet. Auch die Reihenfolge ist elementar bei dieser Übung. Anspielen, einfrieren, pfeifen, werfen. Dies ist unsere Grundkonditionierung.

1. Bei der Übung Rückruf kommt es auf den perfekten Wurf an. Üben Sie deshalb am besten zuerst einmal ohne Ihren Hund.
2. Stellen Sie sich vor, Sie lassen einen flachen Stein über Wasser springen. Durch diese dynamische Haltung bauen Sie eine zusätzliche Erwartungshaltung auf.
3. Nun kommt Ihr Welpe ins Spiel. Nach einem kurzen Anspielen verharren Sie einen Moment. Nun pfeifen Sie das allererste Mal, gefolgt von Ihrem Wurf.

ÜBUNGSSCHRITT 3:

Dies ist wohl der wichtigste Schritt im Aufbau unseres Rückrufs. Hier wird der Folgetrieb mit involviert. Der Überraschungseffekt, der beim Hund ausgelöst wird, ist maßgeblich, um ein reflexartiges Verhalten zu erzeugen.
→ Der Hund ist drei bis fünf Meter entfernt und leicht abgelenkt – etwa durch ein bisschen Schnüffeln, Gras fressen oder Ähnliches.
→ Natürlich müssen Sie wieder gut vorbereitet sein. Pfeife im Anschlag, Futter in der Hand, denn jetzt muss alles klappen!
→ Sie pfeifen in diese leichte Ablenkung des Hundes hinein. Dieser wird sich Ihnen zuwenden, da das Signal in der vergangenen Woche schon eine gewisse Bedeutung bekommen hat.
→ Exakt in diesem Moment, nicht vorher und nicht später, genau in diesem Moment rennen (!) Sie wie von der Tarantel gestochen vom Hund weg, und er rennt hinter Ihnen her.
→ Ist der Hund etwa noch zwei bis drei Meter von Ihnen entfernt, fliegt der Käse in Laufrichtung des Hundes, sodass er es sieht. Was für ein herrliches Spiel! Feiern Sie Ihren Hund.

Wie oft üben? Wir haben jetzt die bereits gut vorgearbeitete Information im Gehirn maximal bestätigt und nähern uns unserem Ziel, ein reflexartiges Verhalten aufzubauen. Auch diesen Schritt nur maximal drei bis fünf Mal am Tag trainieren.

Wichtig: Hier bitte diszipliniert vorgehen. Den meisten macht es großen Spaß, Hunden wie Menschen, aber weniger ist hier mehr. Es soll etwas Besonderes und sehr Spannendes für den Hund bleiben. Man kann recht schnell beginnen, die Ablenkung, bei der man den Pfiff benutzt, zu steigern. Bitte aber das komplette Prozedere von Übungsschritt 3 beibehalten. Sollte der Hund einmal nicht auf den Pfiff reagieren, waren Sie beim Aufbau nicht sorgfältig genug. **Niemals** ein zweites Mal pfeifen! Faust in der Tasche

machen, Hund abholen und abspeichern, dass der Hund noch nicht so weit war. Gegebenenfalls einen Schritt im Training zurückgehen.

ÜBUNGSSCHRITT 4:

Wem es aufgefallen ist – genau genommen lernt Ihr kleiner Vierbeiner gerade, an Ihnen vorbeizulaufen. Nun soll er aktiv zu Ihnen kommen. Für diesen Schritt benötigen Sie wieder die Trainingsleine. Zunächst einmal bleibt alles so, wie im Übungsschritt 3, Seite 139, beschrieben.

- Nachdem jedoch der Hund seine Belohnung erjagt hat, gehen Sie in die Hocke und laden den Vierbeiner ein zu kommen.
- Bei Ihnen angekommen, wird Ihr Welpe erneut, diesmal aus der Hand, belohnt, und Sie treten unauffällig auf die Leine. Möglicherweise will Ihr Hund sofort wieder zurück in die Situation, in der er das Signal zum Kommen erhalten hat. Er kann aber nicht, da Sie auf der Leine stehen.
- Warten Sie, bis der Hund Sie anschaut, und lösen dann die Übung mit einem »Jetzt« auf.

Wie oft üben? Dieser Schritt wird mindestens zehn Wochen trainiert. Während der ganzen Zeit kann man variabel mit der Belohnungsart sein. Bei vielen Hunden hält gerade das den Spannungsbogen hoch.

ÜBUNGSSCHRITT 5:

Sie begeben sich wieder in eine ablenkungsärmere Umgebung.

- Sie pfeifen, und der Welpe kommt angerannt.
- Sie bleiben stehen.
- Erst wenn der Hund ungefähr drei Meter vor Ihnen ist, rennen Sie los. Falls der Hund beginnt, zögerlicher zu kommen, rennen Sie schneller weg.
- In jedem Fall ist nun die Zeit gekommen, da Hilfen ganz ohne System abgebaut werden. Mal gibt es die Superbelohnung aus der Hand, mal fliegt normales Futter, mal wird gerannt, mal nicht.

Wie oft üben? Der Rückruf wird nun alltagstauglich. Sie benutzen ihn, wann immer es draußen nötig ist. Hier gilt die Regel: Aufbau zwei Monate, Alltag zwei Monate, Ausschleichen vier Monate.

Wichtig: Werden Sie hier zum Glücksspielautomaten für Ihren Hund! Ihr Vierbeiner darf nicht wissen oder ahnen, was als Nächstes passiert. Das Ausschleichen, also das stufenweise Abbauen der Superbelohnung, sollte langsam erfolgen. Zwischendurch und besonders bei hoher Reizlage kann man den Rückruf auch noch mal aufladen, indem man zu Übungsschritt 3, Seite 139, zurückkehrt. Besonders dann, wenn der Hund in die Pubertät kommt und die Ohren oft auf Durchzug gestellt sind.

Wenn Sie nach vielen Wochen Training sicher sind, dass Ihr Hund verstanden hat, was der Pfiff bedeutet, dürfen Sie ihn auch einfordern, falls der Hund einmal nicht reagiert. Korrigieren Sie mit Ihrem Korrekturgeräusch. Kommt er immer noch nicht, gehen Sie mit bestimmender Körpersprache auf ihn zu. Sobald er sich Ihnen zuwendet, ein Feedback zeigt, laden Sie ihn mit Rückwärtsgehen und freundlicher Ansprache ein, zu Ihnen zu kommen. Insgesamt sollte das bei sorgfältigem Trainingsaufbau aber nur selten nötig sein. Auf diese Weise werden Sie viele Jahre einen Hund an Ihrer Seite haben, der stets zuverlässig aus jeder Situation zu Ihnen zurückkommt.

4. Schaut Ihr Welpe nach dem Pfiff zu Ihnen, rennen Sie los. Zeigen Sie ihm währenddessen die Belohnung, die auf ihn wartet.

5. Wenn der Hund noch etwa zwei Meter von Ihnen entfernt ist, setzen Sie zum Wurf an. Ihr kleiner Vierbeiner ist aufs Äußerste gespannt.

6. Achten Sie darauf, dass Ihr Welpe die Belohnung beim Werfen im Blick behält. Gleich fliegt die Beute durch die Luft und darf endlich erjagt werden.

TYPGERECHTES WELPENTRAINING

Zu welchem Typ gehört Ihr Welpe? Hier bekommen Sie ein paar wichtige Tipps.

Tipps für Draufgänger

Der Draufgänger ist in der Regel ein sehr energetischer, triebiger Hund. Aus diesem Grund wird ihm diese Art des Rückrufaufbaus liegen. Über ein solches Training geben Sie ihm genau das, was er braucht.

Tipps für Sensible

Bei sensiblen Hunden ist unbedingt darauf zu achten, in den eigenen Bewegungen vorsichtig zu sein und den Pfiff zunächst in gebührendem Abstand zu testen, damit sich das Seelchen nicht erschreckt. Und bitte noch mehr als bei allen anderen Vierbeinern darauf achten, dass Sie den Hund beim Werfen nicht treffen.

Tipps für Sturköpfe

Beim Sturkopf kann es schon mal schwierig werden. Zunächst einmal müssen Sie bei diesen Hunden herausfinden, was sie wirklich interessiert, wo ihre Leidenschaften liegen. Haben Sie schon mit der Handfütterung begonnen, kann das sehr hilfreich sein (→ Seite 84). Seien Sie kreativ – dann lässt sich auch der Sturkopf überzeugen, gerne zurückzukommen.

Tipps für Gemütliche

Grundsätzlich wird der Gemütliche gut auf diese Art des Trainings ansprechen. Er wird nur ein wenig an Dynamik und Schnelligkeit vermissen lassen und es in sein ganz eigenes Tempo umsetzen.

7. Die Belohnung und die Dynamik machen dieses Training zum Super-Event. Ihr Hund wird auf allen Ebenen angesprochen und begeistert.

UMRUNDEN – EINE ÜBUNG FÜR DEN SPASS ZWISCHENDURCH

Mit dem Umrunden möchte ich Ihnen eine Beschäftigungsmöglichkeit vorstellen, die Sie jederzeit und überall mit Ihrem Welpen üben können. Dabei soll der Hund lernen, einen beliebigen Gegenstand, zum Beispiel einen Baum, einen Stein oder einen Pfosten, auch auf großem Abstand zu umrunden. Da man keinerlei Hilfsmittel benötigt, können Sie diese Übung immer mal wieder auf Spaziergängen einbauen.

Wenn Ihr Kleiner die Übung verstanden hat, ist es eine schöne Abwechslung im Alltag und bietet zahllose Variationsmöglichkeiten. Beim Umrunden soll der Hund um etwas herumlaufen und wieder zu Ihnen zurückkommen. Sie beginnen am einfachsten mit einem jungen Baum, um den Sie leicht herumgreifen können. Idealerweise stehen Sie und Ihr Welpe frontal zum Baum, etwa ein, eineinhalb Meter von diesem entfernt. Zunächst ist es egal, ob der Welpe sich rechts oder links von Ihnen befindet, am Ende soll er beide Seiten gleich gut beherrschen. Trainieren Sie zunächst eine Seite, beispielsweise links, zuverlässig, bevor Sie dann in gleicher Weise mit der rechten Seite beginnen.

ÜBUNGSSCHRITT 1:

Nehmen wir an, Ihr Hund steht links neben Ihnen.

- Sie haben Futter in beiden Händen und machen einen dynamischen Schritt nach vorn zum Baum.
- Gleichzeitig geht Ihr linker Arm ebenfalls dynamisch nach vorn. Der Welpe sollte mit Ihnen mitgelaufen sein.
- Jetzt ziehen Sie ihn mit der rechten Hand um den Baum herum und belohnen ihn auch aus der rechten Hand.

Wie oft üben? Diesen Vorgang wiederholen Sie 10 bis 20 Mal. Ihr kleiner Liebling muss motiviert bleiben. Ein Draufgänger wird hier länger freudig mitmachen als ein Gemütlicher. Andererseits kann man mit einem Draufgänger schneller zu Übungsschritt 2 übergehen.

ÜBUNGSSCHRITT 2:

- Nun vergrößern Sie den Abstand zum Baum minimal. Gehen Sie einfach einen Schritt nach hinten. Wie im vorherigen Übungsschritt bleibt der dynamische Schritt nach vorn und auch die Armbewegung bestehen.
- Läuft der Hund nun um den Baum, nehmen Sie ihn mit rechts an und belohnen ihn, indem Sie Futter hinter sich werfen.

Wichtig: Ihr Welpe muss das Futter fliegen sehen! Auch das wird, je nach Temperament und Konzentrationsfähigkeit des Welpen, mehrfach wiederholt.

ÜBUNGSSCHRITT 3:

In diesem Schritt muss Ihr Kleiner wieder selbst nachdenken.

- Sie stehen wieder etwas näher am Baum und zeigen dem Welpen Futter.
- Lassen Sie ihn nachdenken. Stören Sie ihn nicht, haben Sie Geduld. Helfen Sie nicht, solange Sie das Gefühl haben, er setzt sich mit dem Problem noch auseinander. Er schaut Sie an, vielleicht

HÄUFIGE FEHLER

Das Training für den perfekten Rückruf verspricht viel, ist aber ganz schön komplex. In einen sauberen Ablauf können sich Fehler einschleichen, die den Erfolg schmälern oder ganz verhindern. Wenn Sie auf die folgenden Fehlerquellen achten, sind Sie auf einem guten Weg zum perfekten Rückruf.

1. Langweiliges Werfen. Durch meine Arbeit weiß ich: Tatsächlich kommt es beim Rückruf auf Dynamik und den richtigen Wurf an. Die sich dann entladende Energie und die Superbelohnung schaffen eben nur zusammen, dass der Welpe die volle Motivation entwickelt. Werfe ich das Futter nicht mit Elan, entfaltet dieses Konzept auch nicht die erwünschte Wirkung. Deshalb: Bringen Sie Dynamik in die Übung. Werfen Sie energisch. Das ist der Schlüssel zum Erfolg.
2. Zu schnelles Ausschleichen. Der Rückruf klappt? Der Ehrgeiz hat Sie gepackt. Ab jetzt ohne Superbelohnung? Besser nicht. Eigentlich finde ich ehrgeizige Ziele prima, aber manchmal verhindern Sie auch langfristig den Erfolg. Bedenken Sie, dass der Rückruf, so wie Sie ihn erfolgreich eingeübt haben, das Langzeitgedächtnis des Hundes erreichen muss. Und das dauert, egal wie konsequent Sie trainieren. Nehmen Sie deshalb den Druck raus. Lassen Sie sich Zeit und belohnen Sie weiter mit Futter. Nach mehreren Wochen können Sie das Ausschleichen wagen, denn irgendwann sollten Sie die Käsewürfel aus der Tasche verbannt haben. Tun Sie das aber mit Gefühl und je nach Situation.
3. Wiederholtes Pfeifen. Auch wenn es mal geklappt hat, dass der Welpe nach wiederholtem Pfeifen kommt, ist das der Weg zum Scheitern. Anfangs kommt er eventuell beim zweiten Pfiff, irgendwann dann beim vierten, und schließlich zieht das Pfeifen gar nicht mehr. Gehen Sie lieber wieder einen Trainingsschritt zurück, als die Signale mehrfach zu wiederholen und ihnen dadurch die Bedeutung zu nehmen.

auch den Baum, er spult Dinge ab, die er eventuell schon gelernt hat.

- Merken Sie, dass sein Interesse erlischt, dürfen Sie minimal helfen, indem Sie sich zum Beispiel in Richtung Baum neigen.
- Findet Ihr kleiner Freund dann endlich die Lösung, feiern Sie ihn! Er hat sich seine Belohnung redlich verdient.
- Von nun an geht es deutlich schneller, und Sie können die Entfernung zum Baum Schritt für Schritt immer mehr vergrößern.

Diese Art der Beschäftigung ist mit ein wenig Fantasie sehr variantenreich. Lassen Sie Ihren Hund um den Baum laufen und führen ihn beim Zurückkommen um sich selbst, bevor es wieder um den Baum geht. Lassen Sie ihn von einem zum nächsten Baum laufen. Hierbei kann man auch gut kleinere Tricks mit einbauen. Ziel ist es, in der Lage zu sein, den Vierbeiner beliebig um Gegenstände zu schicken, ihn stoppen zu können, von sich wegzuschicken und vieles mehr.

Die Superbelohnung sollte ein wenig aus der Reihe fallen. Käsewürfel schmecken lecker und springen ausgezeichnet über den Boden, ähnlich wie ein flüchtendes Beutetier.

TYPGERECHTES WELPENTRAINING

Zu welchem Typ gehört Ihr Welpe? Hier bekommen Sie ein paar wichtige Tipps.

Tipps für Draufgänger

Einem Draufgänger wird diese Art der Beschäftigung großen Spaß machen. Er kann hier seine Energie und Bewegungsfreude optimal nutzen. Er wird schnell begreifen und nach wenigen Übungseinheiten ein hohes Tempo vorlegen. Dies bedeutet für Sie, dass Sie genau wissen müssen, was Sie ihm als Nächstes anzeigen, und es entsprechend schnell umsetzen.

Tipps für Sensible

Beim Sensiblen müssen schnelle Bewegungen dosiert eingesetzt werden, da er sich leicht erschreckt. Bringen Sie ihm behutsam bei, was Sie von ihm möchten. Dann wird auch er großen Spaß am Umrunden bekommen. Die gemeinsame Beschäftigung wird die Bindung zwischen Ihnen und Ihrem Hund fördern und sein Selbstbewusstsein stärken.

Tipps für Sturköpfe

Wie bei allen anderen Übungen wird der Sture sich zunächst einmal fragen, wozu das gut sein soll. Es liegt an Ihnen, ihn zu überzeugen und zu motivieren. Haben Sie ihn einmal überzeugt, wird er gern mit Ihnen arbeiten. Beim Sturen sollten Sie das Umrunden sehr variantenreich gestalten. Er will auch seinen Kopf anstrengen.

Tipps für Gemütliche

Auch für den Gemütlichen ist das Umrunden eine schöne Beschäftigung. Grundsätzlich lernt er gern. Er wird die Übung sorgfältig, jedoch in seinem eigenen Tempo bewältigen. Anfangs sollten die Übungseinheiten für ihn kurz sein. Hilfreich ist es, mal einen Tag mit dem Training auszusetzen.

Nehmen Sie auch beim Rückruf Rücksicht auf den Charakter Ihres Welpen. Wenn Sie das Training anpassen und konsequent üben, haben Sie eine Erfolgsgarantie.

ÜBUNG 9

»PLATZ«

Wenn Ihr kleiner Vierbeiner gelernt hat, sicher liegen zu bleiben, erleichtert das Ihren Alltag mit Hund enorm.

ZIEL DES TRAININGS
Der Hund soll lernen, sich auf ein Signal hinzulegen und bis zum Auflösen liegen zu bleiben. Er soll auch bei starker Ablenkung und in ungewöhnlichen Situationen entspannt in dieser Position bleiben.

»Platz« ist nach dem »Sitz« das zweite elementare Kommando, das Ihr vierbeiniger Liebling beherrschen sollte. Und es ist ebenfalls ein echter Alltagshelfer. Egal ob zu Hause oder unterwegs, ist ein Hund, der sich anstandslos hinlegt und liegen bleibt, eine große Erleichterung für das Zusammenleben.

Beim Kommando »Platz« lässt sich übrigens sehr gut die Art und Weise, wie Hunde am effektivsten lernen können, begreifen. Und zwar lernt er in diesem Fall operant, also durch Ausprobieren. Dem Welpen wird eine Belohnung in Aussicht gestellt. Diese kann er sich durch ein von uns erwünschtes Verhalten selbstständig erarbeiten.

Zu sehen, dass Hunde nicht blind gehorchen und Befehle ausführen, sondern nachdenken und sich so in ihre Erziehung einbringen, finde ich superspannend. Achten Sie beim Training darauf: Ihr Welpe grübelt richtig, um Ihre Wünsche zu erkennen und sie dann zu erfüllen.

ÜBUNGSSCHRITT 1:

Lassen Sie den Welpen zunächst sitzen. Dafür gibt es aber kein Leckerchen.

- Nehmen Sie ein Stück Futter in die Hand und gehen Sie in die Hocke.
- Dann führen Sie die Hand langsam hinunter zum Boden.
- Der Welpe riecht das heiß begehrte Leckerchen und folgt der Hand immer tiefer – bis er liegt.
- Ihre Hand öffnet sich nun sofort wie ein Safe – hingelegt, Leckerchen.

Wie oft üben? Wiederholen Sie diesen Übungsschritt etwa 10 bis 15 Mal.

Wichtig: Der Schlüssel des Erfolgs liegt hier im Timing. Belohnen Sie exakt auf die Sekunde genau den Moment des Hinlegens, damit eine unmittelbare Verknüpfung zwischen dem gewünschten Verhalten und dem ersehnten Happen entsteht. Sind Sie zu langsam, belohnen Sie eventuell ein ganz anderes Verhalten. Zum Beispiel, wenn der Welpe wieder aufspringt, um an Ihrer Hand zu schnüffeln.

EXTRATIPP FÜR PLATZVERWEIGERER

Es gibt Vierbeiner, häufig oft Verteter der Kleinhunderassen, die sich trotz verführerischer Leckerchen in der Hand ihres Menschen nicht hinlegen wollen. Für diese Hundehalter habe ich einen Extratipp:

→ Setzen Sie sich mit Ihrem Welpen auf den Boden und winkeln Sie ein Bein an.
→ Führen Sie die Hand mit dem Leckerchen nach unten und belohnen Sie den Hund unter Ihrem angewinkelten Bein.
→ Lassen Sie den Welpen hinter der Futterhand unter Ihrem Knie durchrobben. Dadurch ist er gezwungen, sich hinzulegen.

Wie oft üben? Üben Sie diesen Extratipp drei bis fünf Mal und danach wieder wie in Übungschritt 1. Dann sollte der kleine Vierbeiner das Hinlegen gut verinnerlicht haben.

ÜBUNGSSCHRITT 2:

Hat sich der Hund fünf bis zehn Mal hintereinander mithilfe der herabführenden Hand hingelegt? Dann darf er nun, im nächsten Schritt, selbst nachdenken.

→ Zeigen Sie dem Hund das Futter in Ihrer Hand – und warten Sie dann ab.
→ Nun arbeitet es im Welpenkopf. Was ist die Leistung, die ich für diesen Preis erbringen muss?
→ Bevor der Welpe die Lust an der Übung verliert, können Sie mit der heruntergehenden Hand andeuten, was Sie von ihm erwarten. Aber trauen Sie dem Welpen ruhig einen Moment grübeln zu.
→ Sie werden nach und nach das richtige Fingerspitzengefühl dafür entwickeln, wann der kleine Vierbeiner wirklich Hilfe braucht.

1. Zunächst lasse ich den Welpen sitzen. Dafür gibt es jedoch keine Belohnung. Ich habe Leckerchen in der geschlossenen Hand und gehe in die Hocke.
2. Dann führe ich meine Hand langsam hinunter zum Boden. Der kleine Vierbeiner riecht das Futter und folgt meiner Hand.
3. Erst wenn der Welpe vollkommen auf dem Boden liegt, gibt es die heiß begehrte Belohnung. Bis dahin bleibt die Hand mit den Leckerchen geschlossen.

4. Jetzt liegt der Welpe auf dem Boden. Ich öffne meine Futterhand und belohne den kleinen Vierbeiner. Das hast du gut gemacht!

5. Bleibt der Welpe längere Zeit ruhig im Platz, belohne ich ihn mehrfach hintereinander. Schließlich ist es gar nicht so einfach, so viel Geduld aufzubringen.

→ Helfen Sie Ihrem Welpen, wenn nötig – aber so wenig wie möglich.

Haben Sie Geduld. Je mehr Ihr Welpe denkt, vielleicht auch Dinge ausprobiert, die er schon gelernt hat, desto tiefer wird sich die Übung in seinem Gehirn verankern. Eine große Herausforderung für den kleinen Vierbeiner bei diesem Übungsschritt ist, dass er sich vom Leckerchen, das Sie hochhalten, wegbewegen muss, um es zu bekommen.

Wie oft üben? Wiederholen Sie diesen Übungsschritt so oft, bis sich Ihr Hund etwa sieben Mal hintereinander sofort hinlegt, wenn er das Futter sieht.

Wichtig: Vergessen Sie nicht, dass Sie sowohl den Beginn als auch das Ende der Übung bestimmen. Bereits in diesem zweiten Übungsschritt sollten Sie deshalb das Platz immer mit Ihrem Auflösungsignal, beispielsweise »Jetzt«, beenden (→ Seite 125, Übungsschritt 2).

ÜBUNGSSCHRITT 3:

Erst in diesem Übungsschritt wird das Kommando verbal benannt: »Platz«. Die Übungsschritte vorher vermitteln Sie dem Welpen lautlos, lediglich mithilfe Ihrer Körpersprache. Auf diese Weise kann sich Ihr kleiner Vierbeiner besser konzentrieren und Ihre Körpersprache analysieren.

→ Sie stehen also vor Ihrem Welpen, Futter in der Hand, und sagen »Platz«.

→ Genau in dem Moment, in welchem der Hund sich hinlegt, geben Sie ihm das Futter. Ab jetzt hat das Kommando seinen festen Namen.

Wie oft üben? Trainieren Sie über den Tag verteilt das »Platz« immer mal wieder.

ÜBUNGSSCHRITT 4:

Nun geht es darum, die Geduld des Welpen in der Platz-Position zu dehnen. Dazu wenden Sie wie bei der Übung »Sitz« die Intervallfütterung an (→ Übungsschritt 3, Seite 125).

→ Achten Sie darauf, dass Sie den Hund von vorne und möglichst tief füttern, um ihn nicht mit dem Futter zum Aufstehen zu animieren.

→ Es kann vorkommen, dass der Hund frühzeitig aufsteht. Dann führen Sie ihn zurück – zunächst ohne ihn zu belohnen.

→ Erst drei bis fünf Sekunden später bekommt er Futter, ansonsten belohnen Sie das Aufspringen.

Wie oft üben? Nachdem Sie dies 7 bis 10 Mal trainiert haben, sollte Ihr Welpe fit sein für Schritt 5.

ÜBUNGSSCHRITT 5:

Bauen Sie das Platz nach und nach gefühlvoll aus. Sie kennen Ihren Welpen und wissen, wie weit Sie seine Geduld ausdehnen können.

- Liegt der Welpe im Platz, dehnen Sie vorsichtig Dauer und Ablenkung aus. Gehen Sie zum Beispiel ein paar Schritte von ihm weg. Anfangs am besten rückwärts, damit Sie sofort sehen, wenn er aufsteht. Steigern können Sie dies, indem Sie über Ihren Welpen hinwegsteigen oder sanft an der Leine ziehen. Laufen Sie plötzlich los oder werfen Sie Spielzeug. Fordern Sie Ihren Welpen heraus! Umso gefestigter ist das »Platz« am Ende.
- Signalisieren Sie Ihrem kleinen Vierbeiner auf diese Weise: Egal, was passiert, du bleibst bis zur Auflösung der Übung liegen.

Je mehr und je variabler Sie trainieren, desto fester verankert sich das »Platz«. Ich finde, die Fleißarbeit lohnt sich hier enorm. Ein Hund, der - egal, was sein Besitzer macht - ruhig liegen bleibt, ist gleichermaßen praktisch wie auch beeindruckend.

Wie oft üben? Dieser Schritt wird wiederholt, bis der Welpe komplett entspannt liegen bleibt, egal, was passiert. Daran denken: Mehrere kleine Übungseinheiten am Tag sind wertvoller als eine große.

Nicht alle Hunde sind gleich

Es gibt, rassebedingt oder auch wegen ihrer Fellbeschaffenheit, Hunde, die sich äußerst ungern hinlegen. Hier mein Rat als Hundetrainer: Passen Sie die Übungen an die Gegebenheiten an. Wenn Sie beispielsweise wissen, Ihr Rhodesian Ridgeback hasst Regen, müssen Sie ihm bei solchen Wetterlagen nicht draußen auch noch ein »Platz« abverlangen.

Sehen Sie in sein Gesicht: Eigentlich wollte er nicht mal raus! Aber im Ernst, eines der Kommandos, »Sitz« oder »Platz«, sollte auch bei diesem Vierbeiner sicher, in allen Situationen, bei jeder Ablenkung und auch auf Abstand zu hundert Prozent funktionieren. Wenn es bei dem Ridgeback das »Sitz« ist, alles gut.

Er wird Sie dann eben im Sommer - bei 30 Grad Hitze - mit einem tollen »Platz« belohnen. Denn lernen sollte auch er es. Sie sind nur in der Anwendung variabler. Aber Vorsicht! Ein einmal gegebenes Kommando wird in jedem Fall durchgesetzt. Sonst wird der Hund in der Ausführung variabel.

HÄUFIGE FEHLER

Um von einem nur angedeuteten »Platz«, das eher einem Liegestütz ähnelt, bis hin zu einem entspannten, bombenfesten Hinlegen zu gelangen, gilt es diese vier Fehler zu vermeiden:

1. Die Hand nach hinten wegziehen. Viele meiner Kunden haben den Reflex, die Hand mit dem Leckerchen beim Herunterführen leicht nach hinten wegzuziehen. Und ohne, dass sie es merken, lösen sie so Stress aus. Der Hund möchte dem Futter folgen und eher losspringen, als sich jetzt ruhig auf den Boden legen. Achten Sie darauf, die Hand gerade vor dem Hund auf den Boden zu führen oder sie eher noch zum Hund hinzubewegen, um die Belohnung für ihn fixierbar zu machen.
2. Zu viel Hilfe. Das Platz klappt immer wunderbar, aber so richtig verstanden hat der Hund es nicht. Kein Wunder, wenn er noch bei der 100. Wiederholung das Futter vor der Nase hat. Trauen Sie Ihrem Welpen Köpfchen zu. Lassen Sie ihn nachdenken. Nur dann verankert sich das Platz nicht nur als stumpfe Choreografie mit Leckerchen bei ihm, sondern als zuverlässige Handlungsanweisung,
3. Das Kommando verschleißen. Platz, Platz, Platz. Plaaaatz! Wir Menschen sprechen nun einmal mit der Zunge und müssen uns im Training mit Hunden genau deshalb auf diese öfters mal beißen. Das Kommando zu wiederholen, führt dazu, dass der Begriff verschleißt. Sagen Sie es pro Durchgang einmal deutlich. Und haben Sie immer im Hinterkopf, dass es viele Tausende Wiederholungen braucht, bis der Hund das Wort kennt. Das ist aber nicht schlimm. Der Hund liest Ihre Körpersprache. Und deshalb fahren Sie im Training damit weitaus besser.
4. Nur zu Hause üben. Wie bei jedem Kommando müssen Sie auch das Platz in unterschiedlichen Situationen trainieren. So festigt sich das Kommando optimal und wird immer zuverlässiger. Der Hund weiß dann, was zu tun ist - egal, wo Sie sich befinden.

TYPGERECHTES WELPENTRAINING
Zu welchem Typ gehört Ihr Welpe? Hier bekommen Sie ein paar wichtige Tipps.

Tipps für Draufgänger

Er wird vielleicht versuchen, durch Knabbern und Kratzen an Ihrer Hand vorzeitig an das Futter zu kommen. Lassen Sie sich nicht hetzen! Auch hier kann anfangs die Übung, ihn unter Ihrem angewinkelten Bein durchrobben zu lassen, sinnvoller sein.

Tipps für Sensible

Hier wird es in reizarmer, bekannter Umgebung wenig Probleme geben. Erst wenn Sie beginnen, überall und in reizstärkerer Lage zu trainieren, besteht die Gefahr, dass der sensible Hund sich erschreckt und aufspringt. Seien Sie einfühlsam und geduldig, dann wird er es Ihnen mit Vertrauen danken.

Tipps für Sturköpfe

Sie verstehen meist schnell. Ob sie es auch machen, hängt von der jeweiligen Verfassung ab. Mal ist man erstaunt, wie gut die Übung klappt. An einem anderen Tag wird man das Gefühl nicht los, er hat es doch nicht verstanden. Bleiben Sie geduldig. Und auch, wenn er einen schlechten Tag hat. Passen Sie die Übungseinheiten an und trainieren Sie etwas kürzer. Beenden Sie das Training unbedingt mit einer gut gelungenen Übung.

Tipps für Gemütliche

Gemütliche Hunde werden diese Übung lieben. Es wird kein Problem sein, sie zum Hinlegen zu bewegen. Bei einem Welpen dieses Typs können Sie Übungen zu Dauer und Abstand schneller steigern. Hier wird das Auflösen das größere Problem sein. Bestehen Sie trotzdem darauf. Werfen Sie gleichzeitig mit »Jetzt« Futter oder auch mal einen Ball nach vorne weg.

Nicht allen Hunden fällt das Training leicht. Besonders Sensibelchen brauchen eine reizarme Umgebung, um ein gutes Platz aufbauen zu können.

ÜBUNG 10

HANDTOUCH

Mit dem Handtouch können Sie Ihren Welpen anweisen, auf welcher Seite von Ihnen er laufen soll. Mit diesem Signal lässt er sich außerdem im Nahbereich sehr gut lenken.

ZIEL DES TRAININGS

Der Welpe soll lernen, gezielt Ihre Handinnenfläche mit der Nase zu berühren. Vor allem für das Kommando »Bei Fuß« erleichtert der Handtouch das Training. Aber auch für kleinere Tricks ist er hilfreich.

Der sogenannte Handtouch ist ein gutes Hilfsmittel, vor allem für das sehr wichtige Kommando »Bei Fuß« (→ Seite 156). Aber auch im normalen Alltag finde ich es praktisch, dass der Hund bei einer ausgestreckten Hand weiß, dass er die Innenfläche mit der Schnauze berühren soll. So kann ich ihn elegant heranholen, ihn zwischen meinen Beinen herführen und ihn allgemein sehr gut lenken.

ÜBUNGSSCHRITT 1:

- → Ich belade eine Hand mit Futter, die andere nicht.
- → Dann setze oder knie ich mich vor den Welpen und nehme beide Hände hinter den Rücken.
- → Nun hole ich die Hand ohne Futter spontan und dynamisch nach vorne und halte sie ausgestreckt direkt vor die Nase des kleinen Vierbeiners. Ist da etwa Futter?
- → Der Hund wird automatisch die Hand anstupsen.
- → Diese intuitive Reaktion markere ich mit meinem Signalwort oder Geräusch (→ Markersignal, Seite 116), hole die andere Hand nach vorne und gebe dem Welpen seine Futterbelohnung.

Wie oft üben? Diesen Übungsschritt 10 bis 15 Mal wiederholen.

Wichtig: Schlaue Hunde begreifen schnell, in welcher Hand sich das Futter befindet. Deshalb auch mal Futterhand und leere Hand hinter dem Rücken tauschen, da sich viele Hunde sonst zu sehr auf die Futterhand konzentrieren. Außerdem trainieren Sie so schon den Handtouch auf beiden Seiten.

ÜBUNGSSCHRITT 2:

Der zweite Schritt ist nun der ultimative Test: Hat der Welpe die Übung tatsächlich verstanden?

- → Ich sitze oder knie vor dem Welpen und nehme wieder beide Hände hinter den Rücken.

→ Nun hole ich zuerst die Futterhand nach vorne.
→ Zwei Sekunden später die ausgestreckte flache Hand.
→ Geht der Hund nun von der Futterhand zu der leeren Hand hinüber und berührt die Innenfläche mit der Schnauze – darauf sollten Sie immer achten –, hat der Welpe den Handtouch super verinnerlicht.
→ Zur Belohnung für das erwünschte Verhalten öffne ich die Futterhand.

Das Berühren der leeren Handfläche ist sozusagen der Schalter, der die Futterhand öffnet!

Wie oft üben? Diesen Übungsschritt etwa zehn Mal wiederholen.

Wichtig: Auch bei diesem Schritt immer mal wieder die Futterhand wechseln.

ÜBUNGSSCHRITT 3:

Nun fordere ich mehr Leistung ein.
→ Ich sitze oder knie vor dem Welpen, immer noch Futter in der einen Hand, die andere ist leer.
→ Nun strecke ich meine Arme nach links und rechts weit auseinander. Der Kleine muss nun, weg von der Futterhand, hin zu der leeren Hand laufen und diese anstupsen, um an das Futter zu gelangen. Das erfordert eine hohe Denkleistung vom Hund. Deshalb ist hier punktgenaues Belohnen wieder besonders wichtig. Sie dürfen nicht schon, wenn der Hund auf dem Weg zu Ihrer Hand ist, in Jubel ausbrechen, denn Ihr Kleiner wird dann meinen, dass Ihnen das reicht und er Futter bekommt.
→ Setzt er sich nicht in Bewegung, kann ich problemlos noch einmal einen oder zwei Übungsschritte zurückgehen.

Wie oft üben? Achten Sie immer darauf, dass Ihr Welpe noch motiviert bei der Sache ist. Hören Sie mit dem Training auf, auch wenn Sie das Gefühl haben, der Welpe würde gern noch weitermachen.

1. In einer Hand habe ich Futter, die andere Hand ist leer. Ich sitze vor dem Welpen. Meine Hände sind beide auf dem Rücken verschränkt. Wo ist das Futter?
2. Nun hole ich die leere Hand dynamisch nach vorne und halte sie ausgestreckt dem Welpen direkt vor die Nase. Kein Futter zu ergattern!
3. Der Welpe stupst die Handfläche trotzdem instinktiv an. Diese intuitive Reaktion markere ich mit meinem Signalwort oder meinem Markergeräusch.

4. Dann hole ich die andere Hand, in der ich das Futter halte, nach vorne, und der kleine Vierbeiner erhält endlich seine Belohnung.

ÜBUNGSSCHRITT 4:

Nun beginne ich, die leere flache Hand in unterschiedlichsten Positionen zu halten, und trainiere jetzt auch im Stehen.

- Ich strecke die Hand so weit, wie ich kann, zur Seite weg. Ich halte sie erhöht über den Welpen, sodass er hochspringen muss, um meine Handinnenfläche berühren zu können.
- Ich halte die Hand zwischen meine gespreizten Beine. Der Welpe muss nun zwischen meinen Beinen durchlaufen, um mit der Nase an die Handinnenfläche zu kommen.
- Man kann den Welpen über den Handtouch auch gut an seine Seite holen. Hierzu zeige ich dem Kleinen meine Handinnenfläche, führe meine Hand an meine gewünschte Seite und lasse den Hund die Hand berühren.
- Mithilfe des Handtouchs kann ich dem Welpen anzeigen, in Achten um meine Beine zu gehen oder Slalom durch die Beine zu laufen.

Wie oft üben? Anfangs üben Sie das Berühren Ihrer Handfläche acht bis zehn Mal hintereinander in unterschiedlichen Positionen. Später immer mal den Handtouch auf den Spaziergängen einbauen.

Wichtig: In jedem Fall muss der Welpe stets Ihre Handinnenfläche berühren, andernfalls wird er nicht belohnt. Denken Sie auch daran, sowohl die rechte als auch die linke Seite zu trainieren.

TYPGERECHTES WELPENTRAINING

Zu welchem Typ gehört Ihr Welpe? Hier bekommen Sie ein paar wichtige Tipps.

Tipps für Draufgänger

Der Draufgänger wird im zweiten Übungschritt mit allen Mitteln versuchen, an das Futter zu kommen. Er drückt die Nase intensiv in die Futterhand, spult schon Gelerntes ab und Ähnliches. Helfen Sie Ihrem kleinen Vierbeiner ein wenig, indem Sie beide Hände nah beieinanderhalten und die leere Hand ein wenig bewegen.

Tipps für Sensible

Ist Ihr Welpe ein kleines Sensibelchen, müssen Sie vorsichtig mit schnellen Bewegungen sein. Dennoch muss sich Ihre leere Hand anfangs dynamisch bewegen. Hier ist Ihr Einfühlungsvermögen gefragt, um einerseits eine spannende und andererseits keine zu bedrohliche Bewegung zu machen.

Tipps für Sturköpfe

Auch der Sturkopf wird beim Handtouch gern mitarbeiten, wenn er verstanden hat, wie leicht er hier an Futter gelangen kann. Er begreift, wie bei allem anderen auch, sehr schnell. Dennoch wird er, seinem Charakter entsprechend, in der Praxis mit Sicherheit häufig nachfragen, ob das gerade jetzt wirklich nötig ist, was Sie von ihm verlangen.

Tipps für Gemütliche

Für den Gemütlichen muss die Bewegung der leeren Hand sehr spannend und dynamisch sein, um ihn zum Mitmachen zu motivieren. Hat er jedoch begriffen, dass er sich hier Futter erarbeiten kann, wird er gern und freudig mitarbeiten. Halten Sie aber die Übungseinheiten trotzdem kurz, damit er nicht zwischendurch doch noch die Lust verliert.

Her mit dem Futter! Ob dieser kleine Draufgänger den Handtouch in kurzer Zeit »gesittet« lernen wird, hängt natürlich auch von Ihrer Geduld ab.

ÜBUNG 11

»BEI FUSS«

Das Kommando »Bei Fuß« kann den Alltag mit Ihrem Welpen enorm erleichtern, wenn Sie es sorgfältig mit ihm trainiert haben.

ZIEL DES TRAININGS

Der Hund soll lernen, beim Signal »Bei Fuß« ohne Leine bei allen Begegnungen eng an Ihrer Seite zu bleiben. Dies sollte sowohl rechts als auch links von Ihnen möglich sein. Der Hund soll im Gehen die Seite wechseln können.

Ob in der Hundeschule oder auf Spaziergängen – ich stelle immer wieder fest, »Bei Fuß« ist das am meisten unterschätzte Kommando. Viele Hunde beherrschen es nicht. Ihre Besitzer scheinen es nie ordentlich mit ihnen aufgebaut und dann ausreichend geübt zu haben. Es sieht oftmals fast so aus, als würden die Vierbeiner ihre Zweibeiner ausführen – egal ob der Hund an der Leine ist oder frei läuft. Und die Besitzer rufen bei einer Begegnung schon von Weitem: »Der tut nichts!«

Für mich ist es keine Kür, den Hund bei Fuß halten zu können, sondern eine grundlegende Verantwortung, die wir als Mensch für unsere Hunde und unsere Umwelt haben. Bei jeder Begegnung rufe ich meinen Hund heran und halte ihn dann bei mir. Ihn jedes Mal an die Leine nehmen zu müssen, kann lästig werden. Um wie viel angenehmer ist es doch, den Hund frei, ohne Leine, sicher an meiner Seite zu haben. Das ist für jeden, der mir entgegenkommt, angenehmer – und auch für mich selbst.

Bevor Sie die Übung »Bei Fuß« trainieren, sollte Ihr kleiner Vierbeiner den »Handtouch« beherrschen (→ Seite 152). Früher musste der Hund immer links neben dem Menschen laufen, denn rechts trug der Jäger das Gewehr. Bei der Begleithundeprüfung wird das Linkslaufen sogar heute noch verlangt.

»Bei Fuß« bedeutet enges, aufmerksames Laufen auf der linken Seite des Menschen. Für den Alltag ist dieses starre Training allerdings völlig ungeeignet. Ich möchte daher, dass der Hund links sowie rechts »Bei Fuß« gehen kann. So können Sie ihn immer an der reizentfernten Seite führen und sind flexibel.

ÜBUNGSSCHRITT 1:

Den Seitenwechsel trainieren:

→ Der Vierbeiner steht hinter Ihnen. Sie können ihn leicht mit einem Futterhappen in der Hand dort platzieren.

- → Dann klopfen Sie sich zweimal auf den rechten Oberschenkel und halten ihm die rechte, flache Hand zum Handtouch hin.
- → Der Hund berührt die Handinnenfläche, Sie markern (→ Markersignal, Seite 116).
- → Dann drehen Sie den Oberkörper nach links hinten ein, klopfen sich auf den linken Oberschenkel und halten die linke Hand zum Handtouch hin.
- → So ziehen Sie den Hund hinter Ihrem Rücken auf die andere Seite.
- → Der Hund folgt, berührt wieder die Handinnenfläche, Sie markern und belohnen. Am besten nutzen Sie – auch wenn das nicht so leicht ist – Ihren gesamten Körper, um dem Hund deutlich anzuzeigen, wohin er sich bewegen soll. Drehen Sie sich mit, schauen Sie an die Stelle, die das Ziel dieser Übung ist. Je eindeutiger Sie sind, desto leichter fällt es dem Hund, Sie zu lesen und Folge zu leisten.
- → Wechseln Sie die Seiten. Starten Sie einmal links, einmal rechts.
- → Nach jedem gelungenen Training lösen Sie die Übung auf, indem Sie einen Futterhappen nach vorne werfen und das Auflösesignal »Jetzt« rufen.

Wie oft üben? Dies können Sie auf jedem Spaziergang zwei bis drei Mal üben.

Wichtig: Nicht zu häufig üben. In der Regel mögen die Hunde den Seitenwechsel und bieten ihn dann von allein an. Der kleine Vierbeiner soll aber ausschließlich auf Ihr Zeichen hin wechseln und auf der angezeigten Seite bleiben.

ÜBUNGSSCHRITT 2:

Im zweiten Schritt kommt Bewegung hinzu, das heißt, Sie laufen ein Stück mit dem Vierbeiner. Auf welcher Seite Sie das Bei-Fuß-Gehen zuerst üben, ist ganz Ihnen überlassen. Trainieren Sie also ruhig zunächst die Seite, die Ihnen am meisten liegt.

- → Klopfen Sie sich zweimal aufs Bein, strecken Sie Ihre Hand zum Handtouch aus und sagen Sie deutlich das Kommando »Bei Fuß«.
- → Nun gehen Sie ein paar Schritte und ziehen den Hund, wenn er links läuft, mit der rechten zum Hund eingedrehten Körperseite mit sich. Läuft er rechts, setzen Sie die linke Körperseite ein.
- → Dabei halten Sie, wenn der Hund links läuft, in der rechten Hand den Futterhappen in Brusthöhe. Läuft der Welpe rechts, halten Sie den Happen in der linken Hand. Der Hund kennt nun die Belohnung, die er sich erarbeiten kann.
- → In dieser Haltung machen Sie ein paar Schritte. Der Hund läuft motiviert an Ihrer Seite.
- → Und dann lösen Sie nach die Übung vorne auf, indem Sie das Futter werfen und Ihr Auflösewort »Jetzt« rufen.

Wichtig: So mancher Welpe, vor allen Dingen der Draufgänger, weiß nach kurzer Zeit, wie diese Übung endet – und zwar mit Futter, das nach vorne fliegt. Geht Ihr kleiner Vierbeiner also zu weit vor, lösen

1. Der Welpe steht hinter mir. Ich klopfe mir zweimal auf den Oberschenkel und halte ihm dann die flache Hand zum Handtouch hin.
2. Wenn der Hund meine Hand berührt, markere ich das sofort und belohne ihn. Wechseln Sie beim Üben die Seiten. Einmal starten Sie von links, dann von rechts.

Sie nicht nur nach vorne, sondern auch im Wechsel nach hinten auf. So hat der Hund keinen Grund, immer nach vorne wegzulaufen, sondern konzentriert sich wieder auf die eigentliche Aufgabe: an Ihrer Seite zu bleiben.

Wie oft üben? Auch diesen Schritt üben Sie auf jedem Spaziergang. Vorzugsweise zunächst auf ruhigen Wegen ohne Ablenkung.

ÜBUNGSSCHRITT 3:

Im dritten Übungsschritt geht es darum, das Erlernte überall und flexibel anzuwenden. Ab diesem Punkt fängt das Bei-Fuß-Training an, richtig Spaß zu machen. Von nun an kommt endlich Action ins Training – und die meisten kleinen Vierbeiner sind mit Feuereifer dabei.

- Bauen Sie Seitenwechsel ein. Wenn Sie die Seite zu oft wechseln, kann es sein, dass Ihr Hund von allein von links nach rechts läuft. Gar nicht schlimm – das nächste Mal einfach wieder ein paar Schritte mehr zwischen den Wechseln machen. Dann merkt der Welpe wieder, was eigentlich trainiert wird
- Bauen Sie zwischendurch auch mal einen Richtungswechsel ein. Drehen Sie sich 180 Grad um die eigene Achse.
- Auch ein spontaner Stopp sollte in dieser Trainingsphase geübt werden (→ Seite 162). Ich empfehle, dass der Hund lernt, sich bei einem Stopp direkt hinzusetzen. Aus dem Gang ins Sitz macht das Überqueren etwa von Straßen viel angenehmer und stressfreier – für Sie und Ihren Hund.
- Gehen Sie zur Übung einfach mit dem Hund bei Fuß, bleiben stehen und sprechen das Kommando »Sitz«.
- Schon nach ein paar Durchläufen wird der Hund Ihnen das Sitz von allein anbieten.
- Und denken Sie daran: Das Auflösen der Übung mit dem Signal »Jetzt« nicht vergessen!

Wie oft üben? Nun dürfen die einzelnen Übungseinheiten länger werden. Gehen Sie ruhig auch schon einmal längere Strecken »Bei Fuß« mit dem Welpen und versuchen Sie, seine Aufmerksamkeit die ganze Zeit bei sich zu behalten.

3. Nun kommt Bewegung ins Spiel. Ich gehe ein paar Schritte. Hier läuft der Hund auf meiner linken Seite. Meine rechte Körperseite ist zum Welpen hingedreht.
4. In der rechten Hand halte ich, für den Welpen gut sichtbar, einen Futterhappen. Den gilt es sich für den Kleinen zu verdienen.
5. Gut gemacht! Der Welpe hat sein erstes »Bei Fuß« erfolgreich absolviert. Nach ein paar Schritten halte ich an und belohne ihn.

ÜBUNGSSCHRITT 4:

Nun beginnen Sie damit, das Erlernte zu generalisieren, also in den Alltag einzubauen. Variieren Sie den Ort, an dem der Hund bei Fuß gehen soll, sowie die Länge der Übung bis zur Auflösung. Die Feuerprobe haben Sie beide bestanden, wenn Ihnen ein anderer Hund entgegenkommt, Ihr Welpe jedoch bei Ihrem Kommado »Bei Fuß« folgsam an Ihre Seite kommt.

- → Reagieren Sie früh, solange der entgegenkommende Hund noch weit entfernt ist und Ihr Welpe seine grüne Zone der Toleranz noch nicht verlassen hat (→ Die Toleranzzonen, Seite 61).
- → Holen Sie Ihren kleinen Vierbeiner an Ihre Seite. Geben Sie ihm mehr Hilfe als im Training, er braucht jetzt Ihre Unterstützung. Sprechen Sie ihn an, halten Sie Blickkontakt, wiederholen jedoch das Kommando nicht.
- → Konnten Sie den fremden Hund problemlos passieren, lösen Sie Ihren Musterschüler nach vorne auf, indem Sie Futter werfen und Ihr Auflösewort »Jetzt« sagen.
- → Tatsächlich kann es aber durchaus sein, dass der Welpe kurz vor der Begegnung nach vorne oder auch nach hinten ausbricht. Dann treten Sie auf die Trainingsleine und drehen sich zu Ihrem Hund ein, wie bei der Übung »Das gehört dir nicht« beschrieben (→ Seite 98).

Wie oft üben? Ab jetzt können Sie »Bei Fuß« in Ihren Alltag einbauen. Steigern Sie die Reize für Ihren Welpen. Was klappt schon gut? Wo müssen Sie noch nachbessern? Auf diese Weise erhalten Sie mit der Zeit einen stets verlässlichen Begleiter! In meinen Augen ist ein kleiner Vierbeiner, der eine Hundebegegnung problemlos meistert, indem er bei Fuß bleibt, schon top erzogen. Bis zu diesem Punkt dürfen allerdings ruhig Wochen und Monate vergehen, denn dieses folgsame Verhalten zu zeigen, ist wirklich nicht leicht für Ihren Welpen. In der Hundebegegnung finden sich jedoch auch Antworten auf zwei Fragen: Wie gut habe ich das Kommando »Bei Fuß« aufgebaut und generalisiert? Und wie gut ist meine Akzeptanz aus der Sicht meines kleinen Vierbeiners (→ Seite 95)?

MEIN TIPP

Haben Sie das Bei-Fuß-Kommando gut aufgebaut und der Hund beherrscht es auf beiden Seiten, können Sie das Signal noch differenzieren. Hunde sind in der Lage, links und rechts unterscheiden zu lernen. Dafür ersetzen Sie das Klopfen mit dem Signal »Bei Fuß« durch die neuen Kommandos »links« und »rechts«. Diese Steigerung des Trainings braucht seine Zeit. Doch mit genügend Übung lernt der Hund, immer auf die Seite zu wechseln, die Sie ihm ansagen. Eine sinnvolle Steigerung, die sich im Alltag immer wieder bewährt.

TYPGERECHTES WELPENTRAINING

Zu welchem Typ gehört Ihr Welpe? Hier bekommen Sie ein paar wichtige Tipps.

Tipps für Draufgänger

Beim Draufgänger müssen Sie darauf achten, dass er nicht übermotiviert ist. Er greift in den Übungen gern vor, frei nach dem Motto: »Ah, ich weiß, was du willst!« Bei ihm ist es deshalb wichtig, sehr ruhig zu trainieren und sich von seiner Hektik nicht anstecken zu lassen. Achten Sie darauf, dass er genau das ausführt, was Sie gesagt oder gezeigt haben.

Tipps für Sensible

Der Sensible arbeitet sehr gern mit Ihnen, sofern ihn nicht irgendetwas verunsichert. Wenn Sie also beginnen, das Training in den Alltag zu verlegen, seien Sie besonders einfühlsam und haben Sie stets die Umgebung im Blick. Andererseits gibt das Bei-Fuß-Gehen dem sensiblen Welpen Sicherheit, weshalb er bestrebt sein wird, es schnell zu erlernen.

Tipps für Sturköpfe

Der ambivalente Sturkopf ist nicht dumm und wird das Kommando schnell erlernen. Allerdings stellt er auch gern infrage. Er wird in gewissen Situationen versuchen, seinen Kopf durchzusetzen. Hier müssen Sie hartnäckiger sein als Ihr Hund. Aber das kennen Sie ja schon.

Tipps für Gemütliche

Bei einem gemütlichen Welpen ist es genau andersherum als bei einem Draufgänger. Der Gemütliche braucht viel Motivation. Gehen Sie das Training spielerisch an. Halten Sie die einzelnen Übungseinheiten kürzer. Bei diesem Typ ist es besonders wichtig, das Training zu beenden, wenn er noch hoch motiviert ist.

Das hast du super gemacht! Die Belohnung dafür ist wichtig. Doch es muss nicht immer Futter sein. Auch Körperkontakt und Zuwendung belohnen den Hund.

adidas

ÜBUNG 12

»STOPP«

Das Signal »Stopp« ist ein Sicherheitskommando, welches Ihr kleiner Vierbeiner unbedingt unmittelbar an Ort und Stelle ausführen sollte.

ZIEL DES TRAININGS
Das Stopp-Signal ist etwas für fortgeschrittenere Junghunde. Voraussetzung dafür: Der Vierbeiner beherrscht das Kommando »Sitz« beziehungsweise »Platz« perfekt.

Beim Stopp-Signal lernt der Hund, sich unmittelbar aus dem Lauf hinzulegen, hinzusetzen oder stehen zu bleiben. In welcher Variation Sie das Signal üben, kommt auf Sie und den Hund an. Wichtig ist: Der Vierbeiner hält sofort inne.

Dieses Signal kann gefährlichen Situationen vorbeugen, beispielsweise wenn zwischen Ihnen und Ihrem unangeleinten Hund im Wald plötzlich Mountainbiker auftauchen, Ihnen Reiter unterwegs begegnen oder ein Auto auf einem Feldweg fährt. Immer dann, wenn ein Rückruf keinen Sinn macht, vielleicht sogar gefährlich wäre, weil der Welpe etwa beim Herankommen die Mountainbiker, die Reiter oder das Auto kreuzen würde, können Sie Ihren kleinen Vierbeiner mit dem Stopp-Signal augenblicklich anhalten.

Wenn Ihr Welpe dieses Kommando beherrscht, ist das eine große Beruhigung für Sie, denn es gibt Ihnen und Ihrem Hund die Sicherheit, die in brenzligen Situationen Leben retten kann.

ÜBUNGSSCHRITT 1:

Bauen Sie diese Übung am besten in kleinen Schritten auf. Entscheiden Sie zunächst, was Ihr Vierbeiner bei Ihrem Signal »Stopp« tun soll. Soll er dann sofort stehen bleiben, sich hinsetzen, wenn Sie das Kommando »Sitz« geben, oder sich hinlegen, wenn Ihr »Platz« ertönt. Am besten wählen Sie das Kommando, das Ihr Hund am schnellsten ausführen kann. Bisher kennt Ihr Welpe die Kommandos »Sitz und »Platz« nur mit Ihnen starr an seiner Seite. Nun aber kommt Bewegung dazu.

- → Bleiben Sie während der Übung stetig in Bewegung. Gehen Sie rückwärts von Ihrem Vierbeiner weg und dann wieder auf ihn zu. Wichtig ist, dass Sie während der gesamten Übung die ganze Zeit in Bewegung sind, bis der Welpe versteht, was er tun soll.
- → Sobald Ihr kleiner Vierbeiner das Kommando ausgeführt hat, markern Sie und belohnen ihn im Anschluss (→ Markersignal, Seite 116).

Wie oft üben? Wiederholen Sie die Übung, bis Ihr Hund sofort reagiert.

ÜBUNGSSCHRITT 2:

Nun brauchen Sie ein Hilfsmittel – entweder ein Spielzeug oder Futter. Futterhappen müssen in diesem Fall groß und gut sichtbar für den Hund sein.

- Setzen Sie den Hund ab und entfernen Sie sich rund fünf Meter von ihm.
- Dann laden Sie den Hund ein, auf Sie zuzukommen. Gehen Sie in die Hocke und breiten Sie einladend die Arme aus
- Während der Welpe auf Sie zuläuft, rufen Sie »Stopp« und werfen über seinen Kopf hinweg das Futter oder das Spielzeug.
- Der Hund macht auf dem Absatz kehrt und holt sich die Beute.
- Ziel ist es, die Erwartungshaltung des Welpen hinter ihm aufzubauen. Bisher ist er stets vor oder neben Ihnen belohnt worden. Nun erfolgt die Belohnung durch das Werfen des Spielzeugs/Futters hinter ihm.
- Dies führt dazu, dass Ihr Junghund schon nach wenigen Versuchen abbremsen wird, wenn Ihr Arm zum Wurf nach oben schnellt.
- Viele Hunde werden schon beim dritten oder vierten Versuch deutlich langsamer oder laufen gar nicht erst auf Sie zu. Dann ist es Zeit für Übungsschritt 3.

Wie oft üben? Dies wird so oft wiederholt, bis der Kleine deutlich langsamer auf Sie zukommt. Daran erkennen Sie, dass Ihr Welpe die Belohnung hinter sich erwartet.

ÜBUNGSSCHRITT 3:

Die Ausgangssituation ist die gleiche, wie im Übungsschritt 2 beschrieben.

- In diesem Durchgang täuschen Sie den Wurf jedoch nur an. Es folgt Ihr Signal. Das kann ein »Stopp« sein, wenn der Hund stehen bleiben soll, oder eben ein »Sitz« oder »Platz«, wenn Sie sich für eines dieser Kommandos entschieden haben.
- Gehorcht der Welpe, lösen Sie die Situation etwa zwei Sekunden später mit Futter oder Spielzeug auf. Hier dürfen Sie unterstützend mit der anderen Hand zusätzlich ein Sichtzeichen geben, indem Sie für »Sitz« beispielsweise den erhobenen Zeigefinger ausstrecken.

Wichtig: Der Welpe soll sofort auf Ihr Signal reagieren und nicht noch zwei, drei Meter nach vorne laufen. Dies ist deshalb besonders wichtig, da das Stopp in der Praxis auf dem Punkt und unmittelbar klappen muss. Sonst stößt Ihr Kleiner wohlmöglich doch mit dem Mountainbiker zusammen.

Wie oft üben? Nach den ersten fünf bis acht Mal sollte Ihr kleiner Vierbeiner verstanden haben, was von ihm erwartet wird.

1. Bei dieser Übung ist Action angesagt. Machen Sie ein paar Schritte vom Hund zurück und dann wieder auf ihn zu. Rufen Sie Ihren Welpen zu sich.
2. Dann geben Sie das Kommando »Sitz«. Der Hund führt es sofort aus, obwohl Sie in diesem ersten Übungsschritt den Wurf nur antäuschen.

3. Für den zweiten Übungsschritt brauchen Sie einen großen Futterhappen oder ein Spielzeug. Der Welpe läuft auf Sie zu. Währenddessen rufen Sie »Stopp«.
4. Im selben Moment werfen Sie das Spielzeug oder das Futter hinter Ihren kleinen Vierbeiner. Der Welpe kehrt um und holt sich seine heiß begehrte Beute.

ÜBUNGSSCHRITT 4:

Dies ist eine weitere Steigerung des Kommandos »Stopp«. Der Hund soll Ihnen jetzt nicht mehr entgegenkommen, sondern Sie rufen das Signal in seinen Rücken. Dies ist die Situation, wie Sie sie später im Alltag am häufigsten erleben werden. Praktisch ist es, wenn Sie eine zweite Person in diesen Übungsschritt einbinden. Trainieren Sie allein mit Ihrem Welpen, können Sie irgendwo Futter platzieren, denn Ihr kleiner Vierbeiner braucht ein Ziel, zu dem er strebt und rennen möchte.

- Sie setzen Ihren kleinen Vierbeiner also hin. Das Sitzkommando sollte so gut funktionieren, dass Ihr Welpe sitzen bleibt, wenn Sie weggehen. Entfernen Sie sich anschließend acht bis zehn Schritte von ihm.
- Dort platzieren Sie nun, gut sichtbar für den Hund, Futter und gehen zurück zu Ihrem kleinen Vierbeiner. Haben Sie eine Hilfsperson, muss diese das Futter absichern, zum Beispiel, indem sie auf das Futter tritt, falls Ihr Welpe Ihr Kommando ignoriert. Trainieren Sie allein, müssen Sie im Zweifel selbst auf die Trainingsleine treten, um den Welpen zu stoppen.
- Bei Ihrem Hund angekommen, lösen Sie das »Sitz« auf. Er wird zum Futter hinlaufen und darf fressen. Nach etwa zwei bis drei Wiederholungen ändern Sie das Spiel.
- Sie haben das Futter, also das Ziel für den Hund, erneut platziert, und Ihr kleiner Vierbeiner läuft jetzt freudig los.
- Auf dem Weg dorthin rufen Sie nun Ihr Stopp-Signal. Befolgt Ihr Welpe es, markern Sie, gehen zu ihm hin und belohnen ihn aus der Hand.
- Anschließend darf er zusätzlich nach Ihrem Auflösesignal das ausgelegte Futter fressen. Es lohnt sich also doppelt für Ihn.
- Befolgt er das Stopp-Signal nicht, müssen Sie unbedingt verhindern, dass er sich über das am Boden liegende Futter selbst belohnt. Wie oben schon erwähnt, hilft hier eine zweite Person oder der Tritt auf die Trainingsleine.

Wie oft üben? Hierbei ist wichtig, häufig den Ort zu wechseln. Sonst läuft der Hund nicht mehr in Richtung Futter. Man kann aber auch Futter mal durch Spielzeug ersetzen. Je variabler Sie das Training gestalten, desto interessanter bleibt es für den Welpen.

ÜBUNGSSCHRITT 5:

Der Hund hat die Stopp-Situation verinnerlicht. Nun können Sie das Signal langsam im Alltag erproben. Üben Sie zunächst in einer reizarmen Umgebung. Steigern Sie die Ablenkungen allmählich. Achten Sie darauf, dass Ihr kleiner Vierbeiner immer sofort stoppt. Sollte das einmal nicht der Fall sein, gehen Sie unbedingt noch einmal einen Trainingsschritt zurück. Je kleinschrittiger und konsequenter Sie trainiert haben, um so fester und sicherer sitzt das Signal »Stopp«.

TYPGERECHTES WELPENTRAINING

Zu welchem Typ gehört Ihr Welpe? Hier bekommen Sie ein paar wichtige Tipps.

Tipps für Draufgänger

Bei ihm werden Sie Ihr Augenmerk darauf legen müssen, ihn auf dem Punkt zu stoppen. Er soll genau in dem Moment, in dem er Ihr Signal hört, stoppen und nicht noch drei, vier Schritte auf Sie zulaufen. Trainieren Sie mit einem unmissverständlichen Signal und einer eindeutigen Körpersprache, die keine Diskussion zulassen.

Tipps für Sensible

Beim Sensiblen ist unbedingt darauf zu achten, dass man ihn niemals beim Werfen des Spielzeugs trifft. Hier besser schräg hinter den Hund werfen. Das Training soll ihm Spaß machen, damit es am Ende sicher funktioniert.

Tipps für Sturköpfe

Bei einem sturköpfigen Welpen ist noch wichtiger als bei allen anderen Charakteren, variantenreich zu trainieren. Langweiliges, vorhersehbares Üben ist ihm zuwider. Sie brauchen viel Fantasie, um solch einen kleinen Vierbeiner zu fesseln. Je mehr Sie sich einfallen lassen, desto sicherer wird auch beim Sturkopf das »Stopp« funktionieren.

Tipps für Gemütliche

Der Gemütliche wird wahrscheinlich nach den ersten zwei, drei Versuchen nicht mehr aufstehen wollen, wenn Sie das Spielzeug über ihn hinwegwerfen. Doch das ist kein Beinbruch. Wiederholen Sie dann einfach die ersten Übungsschritte nur wenige Male und machen dann anschließend direkt mit Schritt 4 weiter.

HÄUFIGE FEHLER

Das Signal »Stopp« zu üben, kostet Zeit und Mühe. Der Welpe lernt aber umso schneller, je präziser Sie sich verhalten. Tatsächlich schleichen sich auch in dieses Training gern Fehler ein. Versuchen Sie diese drei Fehlerquellen zu vermeiden, um einen guten und sauberen Aufbau des Kommandos zu erreichen.

1. Versetztes Werfen. Es kommt manchmal auf Kleinigkeiten an. Der Hund interpretiert unsere Körpersprache binnen Sekunden. Und führen Sie Übungen nicht korrekt aus, senden Sie schnell ein ganz anderes Signal. Die häufigste Fehlerquelle passiert im zweiten Übungsschritt. Beim Aufbau eines guten Stopps gilt es deshalb darauf zu achten, dass das Werfen und das Rufen im selben Moment passieren. Viele Hundebesitzer werfen und rufen dann – oder andersherum. Die gewünschte Verknüpfung findet so nicht statt, und das Training verfehlt seinen Zweck.
2. Adynamisches Werfen. Wir Menschen müssen uns manchmal zusammenreißen, um die Körperspannung aufzubringen, die der Hund von uns sehen möchte. Werfen Sie aber bei diesem Training lasch oder lustlos, setzt der gewünschte Effekt nicht ein. Unterschätzen Sie Ihren Welpen nicht! Er merkt durchaus, dass Sie einen Wurf nur halbherzig antäuschen. Also durchatmen und den Arm wie ein Handballer mit Spannung nach oben schnellen lassen.
3. Halbherzigen Gehorsam belohnen. Na ja, er ist ja stehen geblieben. Zwar nicht sofort, aber einige Meter später. Soll ich den Hund nun belohnen? Auf gar keinen Fall, denn Sie wollen hier ein Notfallkommando aufbauen. Deshalb ist es so wichtig, dass der Vierbeiner das Kommando ohne Wenn und Aber sofort ausführt, wenn Sie es sagen. Hunde brauchen präzise Ansagen, denn sie müssen lernen, präzise auszuführen. Ihr kleiner Vierbeiner darf also nur wenige bis keine Schritte machen. Ansonsten wird das mühsam aufgebaute Kommando nach und nach verblassen.

ÜBUNG 13

STRASSENTRAINING

Den Bordstein als eine Grenze zu akzeptieren, kann für Ihren kleinen Vierbeiner durchaus lebensrettend sein.

ZIEL DES TRAININGS

Der Welpe soll über eine Begrenzung lernen, niemals über den Bordstein hinaus auf die Straße zu laufen, es sei denn, Sie überqueren gemeinsam mit ihm die Straße.

Jedes Jahr werden Hunderte Hunde auf unseren Straßen überfahren. Der Auslöser, warum ein Vierbeiner plötzlich auf oder über die Straße rennt, kann banal sein: ein Artgenosse, eine Katze auf der anderen Straßenseite oder ein Ball, der über die Fahrbahn rollt. Und dann wird der Hund von einem Fahrzeug erfasst. Es sind oft nur Bruchteile von Sekunden, die den Vierbeiner das Leben kosten. Ein schreckliches Szenario, das sich bei Frauchen oder Herrchen traumatisch ins Gedächtnis brennt. Doch ein verantwortungsbewusster Hundehalter kann hier vorbeugen. Beim Straßentraining lernt der Hund, niemals allein auf die Fahrbahn zu laufen. Der Bordstein wird zu einer starren Grenze, bis Sie sie für die Überquerung der Straße zusammen mit Ihnen auflösen.

Aber Achtung! Ihr Welpe sollte an der Straße grundsätzlich angeleint sein. Möchten Sie jedoch mit dieser Übung auch das Mehr an Sicherheit, müssen Sie dieses Ritual tatsächlich in jeder Straßensituation anwenden.

ÜBUNGSSCHRITT 1:

Für das Straßentraining brauchen Sie zunächst eine sehr ruhige Straße mit einem möglichst hohen Bordstein. Mein Tipp ist ein sonntäglicher Ausflug in ein Gewerbegebiet. Hier können Sie ruhig, sicher und ungestört üben.

- Ihr Welpe ist an der Trainingsleine.
- Laufen Sie mit dem Hund ein Stück den Bürgersteig entlang. Der Welpe geht auf der von der Straße abgewandten Seite.
- Betreten Sie dann an einer ausgesuchten Stelle die Straße.
- Der Hund wird Ihnen folgen wollen. Doch sobald nur eine Pfote den Bürgersteig verlassen hat, korrigieren Sie ihn.
- Drehen Sie den Oberkörper zum Hund ein, halten Sie Körperspannung und sagen Sie das Signalwort »Hey«. Der Hund weicht zurück.
- Nun spulen Sie diesen Übungsschritt wie bei einer Kassette zurück. Alles noch einmal von vorne.

- Waren Sie zuvor überzeugend, wird der Hund an der Stelle, an der Sie ihn eben korrigiert haben, langsamer, bremsen, zögerlich zurückweichen.
- Zeigt er ein solches Verhalten, markern Sie es sofort und belohnen Sie ihn. Super gemacht!

Wie oft üben? In der Regel braucht diese Übung nicht viele Wiederholungen, da sich diese Situation nicht wesentlich von anderen Begrenzungen unterscheidet. Auch der Höhenunterschied des Bordsteins kommt dem Lernerfolg zugute. Der Hund kann sich leicht merken, welches Verhalten an welcher Stelle von ihm gewünscht wird.

ÜBUNGSSCHRITT 2:

Der Welpe weiß nun, die Straße ist tabu. Hält er sich auch daran, wenn Sie ihn mit Reizen in Versuchung führen? Dass Sie diesen Übungsschritt nur an einer Straße ohne Verkehr trainieren, sollte natürlich selbstverständich sein.

- Werfen Sie zum Beispiel ein Spielzeug auf die Straße oder laufen Sie selbst auf die Fahrbahn.
- Ihr Welpe bleibt am Bordstein stehen oder setzt sich vielleicht sogar.
- Loben Sie ihn dann überschwänglich und belohnen Sie ihn.
- Läuft er doch los, korrigieren Sie ihn ruhig und bestimmt.

Wie oft üben? Je mehr Sie üben, desto stärker festigt sich die Situation.

ÜBUNGSSCHRITT 3:

Im dritten Schritt möchten Sie gemeinsam mit dem Welpen die Straße überqueren.

- Nehmen Sie Blickkontakt mit dem Welpen auf.
- Jetzt lösen Sie die Bordsteingrenze sehr deutlich auf. Machen Sie eine Hand- und Körperbewegung

1. Der Welpe ist an der Trainingsleine. Ich laufe ein Stück den Bürgersteig entlang. Dabei geht der Hund auf der von der Straße abgewandten Seite.
2. Jetzt trete ich auf die Straße. Der Hund möchte mir folgen. Doch sobald der kleine Vierbeiner auch nur eine Pfote auf die Straße setzt, korrigiere ich ihn.
3. Auf diesem Foto scheint der Welpe den Bordstein als Grenze akzeptiert zu haben. Doch verinnerlicht hat er die Übung zu diesem Zeitpunkt noch nicht.

4. Um den Hund zu korrigieren, drehe ich den Oberkörper zu ihm ein, halte Körperspannung und mache mein Korrekturgeräusch.

5. Ich wiederhole die Übung mehrmals, bis der kleine Vierbeiner am Bordstein stehen oder sitzen bleibt. Erst jetzt hat er den Bordstein als Grenze begriffen.

nach vorne und sagen gleichzeitig Ihr Auflösekommando »Jetzt«. Mit fortschreitendem Training ist für den Welpen völlig klar: Er darf nur gemeinsam mit Ihnen und erst nach dem Auflösen die Straße betreten.

→ Nun können Sie den Hund abgesichert an der Leine über die Fahrbahn führen.

Wie oft üben? Ab jetzt müssen Sie, wann immer Sie eine Straße überqueren möchten, an jedem Bordstein üben. Und dann natürlich auch deutlich auflösen, wenn es weitergehen soll.

ÜBUNGSSCHRITT 4:

Jetzt geht es darum, die Übung im normalen Alltag anzuwenden. Üben Sie das Straßentraining an hohen und niedrigen Bordsteinen, im ländlichen Raum und in der Stadt. Meine Erfahrung zeigt, dass die Vierbeiner das erwünschte Verhalten sehr schnell und gut verinnerlichen.

Doch wie sieht es mit Ihnen aus? Auch dies soll der Sicherheit Ihres Vierbeiners dienen, bestenfalls ein Hundeleben lang. Damit der Kleine das Straßentraining aber sicher verinnerlicht, müssen Sie konsequent und an jedem Bordstein trainieren. Der Welpe

TYPGERECHTES WELPENTRAINING

Zu welchem Typ gehört Ihr Welpe? Hier bekommen Sie ein paar wichtige Tipps.

Tipps für Draufgänger

Der Draufgänger ist sehr reizempfänglich. Sie werden bei ihm immer wieder mit unterschiedlichsten Reizen auf der anderen Straßenseite trainieren müssen, wie etwa Spielzeug, Futter, oder auch mal der Nachbarshund, der unverhofft vorbeiläuft.

Tipps für Sensible

Der Sensible möchte gern bei Ihnen bleiben. Deshalb wird das Begrenzen am Anfang nicht ganz so leicht. Bleiben Sie konsequent, aber werden Sie nicht zu heftig bei der Korrektur, denn der Kleine soll nicht verschreckt werden, sondern lediglich anhalten.

Tipps für Sturköpfe

Beim Sturkopf kann es passieren, dass er das Verbot, den Bordstein nicht zu übertreten, schon mal »vergisst«. Bleiben Sie dran, trainieren Sie auch hier mit unterschiedlichen Reizen.

Tipps für Gemütliche

Der Gemütliche wird den Bordstein als Grenze schnell akzeptieren. Allerdings werden Sie ihn sehr deutlich auflösen müssen. Setzen Sie eine klare Körpersprache ein.

HÄUFIGE FEHLER

Das Straßentraining macht vielen meiner Kunden Spaß, weil sich schnell Erfolge zeigen. Kinderleichte Übung? Der Schein trügt. Auch hier gibt es drei häufige Fehler, die Sie unbedingt vermeiden sollten. Denn wenn dieses Training nicht korrekt ausgeführt wird, ist es im Alltag sogar eine Gefahr. Dann läuft der Hund los – obwohl Sie sich auf sein Stehenbleiben verlassen haben. Deshalb gilt hier trotz schneller Erfolge erhöhte Konzentration. Aber dann, das verspreche ich Ihnen, funktioniert dieses Kommando immer.

1. Generalisieren vernachlässigen. Am Bordstein stehen bleiben? Na klar, das kann mein Welpe! Was üben wir als Nächstes? Das fragen mich motivierte Hundehalter schon nach wenigen Übungseinheiten. Dabei ist dieses Training ein echter Marathon, und im Generalisieren steckt die Kür. Üben Sie an flachen Bordsteinen, an hohen Kanten, in der Stadt, im Park, eben überall. Nur dann prägt sich der Ablauf der Situation ein.
2. Inkonsequenz. Ich bin überzeugt, das ist für uns Menschen die größte Herausforderung. Möchte ich, dass mein Hund tatsächlich vor jeder Überquerung stehen bleibt? Dann muss auch ich mich daran halten. Egal, wie sehr ich in Gedanken bin, egal, ob ich es eilig habe. Diese Begrenzung funktioniert eben nur, wenn sie immer und überall gilt. Und nur dann gibt es für Sie und Ihren Welpen echte Sicherheit im Straßenverkehr.
3. Hastige Korrektur. Sie werfen im Training ein Spielzeug auf die leere Straße, und der Hund läuft los. Jetzt aber ganz, ganz schnell zurück? Eben nicht. Sie haben sich vor dem Training ausreichend versichert, dass keine echte Gefahr droht. Deshalb nehmen Sie sich nun alle Zeit der Welt, um Ihren Welpen zu korrigieren. Es gilt für das Straßentraining ebenso wie beim Begrenzen: Der Welpe muss sichtbar beeindruckt sein und zeigen, dass er Sie verstanden hat. Nur wenn er Akzeptanz zeigt und Sie ein Feedback erkennen, ist Ihre Korrektur angekommen.

soll den Bordstein als permanente Grenze verstehen lernen, die ohne Ihr Auflösen niemals übertreten werden darf. Wenn Sie nun einmal trainieren, dann aber auch mal wieder nicht, mit dem Hund an der Leine einfach über die Straße laufen, weil Sie gerade keine Zeit haben, ist die Grenze nicht klar. Sie müssen sich also entscheiden, ob Sie das Straßentraining bei Ihrem Welpen sicher etablieren möchten. Ein bisschen üben bringt hier nichts.

Und wenn Sie sich daran halten, es aber nur ein einziges Mal vergessen, wird Sie ein Leinenruck erinnern. Ihr Hund sitzt bombenfest auf dem Bürgersteig – und erwartet das Auflösen des Sitzens von Ihnen.

Dennoch, bei allem noch so gut und sorgfältig aufgebautem Straßentraining geht Sicherheit immer vor! Ein Restrisiko bleibt. An großen, stark befahrenen Straßen gehört Ihr vierbeiniger Begleiter deshalb unbedingt an die Leine. Zu seiner eigenen, aber auch zur Sicherheit anderer Verkehrsteilnehmer.

Bleibt der Hund sitzen, lobe ich ihn überschwänglich und belohne ihn mit Futter. Dann nehme ich Blickkontakt zu ihm auf und löse die Übung mit einem »Jetzt« auf.

ÜBUNG 14

APPORTIEREN

Das Zurückbringen von Gegenständen kann eine hochwertige Beschäftigung für Ihren Welpen werden.

ZIEL DES TRAININGS

Der Welpe soll lernen, einen Gegenstand aufzunehmen, zu Ihnen zurückzubringen und ihn abzugeben. Dies kann mit einer Vielzahl von Übungen kombiniert werden.

Die bereits besprochenen Kommandos dienen der Sicherheit und der Verantwortung, die Sie für Ihren Welpen und die Umwelt haben. Jetzt geht es um ein schönes Extra: Ihr kleiner Vierbeiner soll das Apportieren lernen, Ihnen also auf Kommando Dinge bringen. Das kann Zwei- und Vierbeinern unheimlich viel Spaß machen und eine sehr hochwertige Beschäftigung für den Hund werden. Apportieren geht weit über stupides Werfen eines Balls hinaus. Es ist eine Beschäftigung, die Ihren Vierbeiner sowohl körperlich als auch geistig auslasten kann.

Allerdings, nicht alle Hunde mögen das Apportieren. Es sollte nur dann erlernt werden, wenn der Welpe wirklich Vergnügen an diesem Spiel findet. Nimmt Ihr kleiner Vierbeiner gern Dinge ins Maul und trägt sie herum? Dann kann das möglicherweise ein Zeichen dafür sein, dass er sich fürs Apportieren begeistern wird. Das können Sie zunächst zu Hause mit Bällen oder begehrten Spielzeugen herausfinden, die Sie ihm werfen.

Achtung! Nutzen Sie als Apportiergegenstand niemals einfach Stöckchen aus dem Wald. Ich habe schon einige Hunde und ihre schockierten Besitzer kennengelernt, bei denen dieses scheinbar harmlose Spiel in einer Notoperation endete. Denn der Hund als Beutegreifer packt beherzt den Stock – fängt ihn sogar eventuell bereits in der Luft – und kann ihn sich in den Rachen rammen. Oder er kaut auf seiner Beute herum, und Splitter verletzen Mundhöhle, Rachen oder den Magen. Verwenden Sie zum Apportieren ausschließlich zum Beispiel Bälle, einen mit Trockenfutter gefüllten Futterbeutel (Dummy), ein spezielles Apportierholz oder eine Frisbee-Scheibe. Dann können die Stöckchen getrost im Wald liegen bleiben.

ÜBUNGSSCHRITT 1:

Der Hund ist an der Trainingsleine.

→ Ich nehme ein begehrtes Spielzeug des Welpen

und beginne ein ausgelassenes Spiel, zerre ein bisschen und wecke auf diese Weise den Spieltrieb in meinem Welpen.

- Dann werfe ich das Spielzeug vom Hund weg.
- Der Welpe wird begeistert hinterherrennen.
- Wenn er seine Beute ergriffen hat, gehe ich in die Hocke oder bewege mich rückwärts, animiere den Hund über einladende Körpersprache, zu mir zu kommen.
- Versucht der Hund dennoch, mit der Beute wegzurennen, verhindere ich das, indem ich auf die Trainingsleine trete.
- Kommt der kleine Vierbeiner begeistert angelaufen, tausche ich das Spielzeug gegen Futter. Spannend ist, dass viele Hunde tatsächlich lieber mit einem Zerrspiel belohnt werden als mit Futter. Finden Sie heraus, ob Spiel oder Leckerchen besser als Belohnung zum Typ Ihres Welpen passen.
- Wiederholen Sie diesen Übungsschritt. Bauen Sie die deutliche Körpersprache und das Rückwärtslaufen Schritt für Schritt ab. Der Hund soll feststellen, dass das Zurückbringen keinesfalls das Ende des Spiels bedeutet und es für ihn keinen Grund gibt, seine Beute in Sicherheit zu bringen.
- Beute abgeben – und weiter geht es, denn das ist erst der Beginn eines tollen Spiels. Dann hat er Lust, den Ball oder das Frisbee immer und immer wieder zu Ihnen zu bringen.

Hierbei brauchen Sie übrigens zunächst kein Kommando oder Ähnliches. Der Beutetrieb Ihres Vierbeiners wird angesprochen, wodurch er dem »flüchtenden« Spielzeug sofort folgen wird.

Wie oft üben? Diese Übung können Sie immer mal wieder beim Spaziergang mit einfließen lassen. Der Welpe soll stets motiviert bei der Sache sein. Trainieren Sie deshalb nicht jeden Tag.

ÜBUNGSSCHRITT 2:

Wenn der Welpe das Prinzip des Apportierens verstanden hat, steigern Sie den Anspruch des Spiels. Möglichkeiten gibt es viele, und Ihrer Kreativität sind kaum Grenzen gesetzt.

Apportieren als Übung zur Selbstbeherrschung. Voraussetzung dafür ist ein Sitz, das auch unter großer Ablenkung funktioniert.

- Der Welpe soll neben Ihnen sitzen. Sie stehen auf der Trainingsleine.
- Nun fliegt das Spielzeug. Ihr kleiner Vierbeiner soll sitzen bleiben.
- Nun können Sie beginnen, ein Kommando, zum Beispiel »Bring«, einzuführen.
- Belohnen Sie den Welpen beim Zurückkommen mit einem Zerrspiel.
- Ist er jedoch vorher aufgesprungen, korrigieren Sie ihn, indem Sie ihn wieder hinsetzen. Nun müssen Sie das Spielzeug selbst holen.
- Erst wenn das Spielzeug am Boden liegt und Ihr Welpe Sie anschaut, lösen Sie auf, und er darf es holen.

1. Sie werfen den Ball vom Hund weg. Ihr kleiner Vierbeiner stürmt dem fliegenden Ball begeistert hinterher. Ein grandioser Spaß für Ihren kleinen Liebling und Sie.

2. Durch eine einladende Körpersprache, indem Sie in die Hocke gehen und die Arme ausbreiten, kommt der Kleine angerannt, um Ihnen seine Beute zu geben.

Versteckte Gegenstände suchen und apportieren. Eine weitere Variante ist, den zu apportierenden Gegenstand zu verstecken. Machen Sie es dem Welpen am Anfang leicht.

- Setzen oder legen Sie den Welpen hin. Gehen Sie mit dem Gegenstand weg. Nicht zu weit und nicht außer Sicht. Der Kleine soll Sie beobachten können.
- Nun gehen Sie zu ihm zurück und lösen auf. Der Welpe darf den Gegenstand holen.

Dies kann immer weiter gesteigert werden. Sie gehen außer Sicht, um den Gegenstand zu verstecken. Die Entfernung wird größer. Sie decken den Gegenstand mit etwas Laub ab oder verstecken ihn leicht erhöht in einer Astgabel. Lassen Sie den Gegenstand, unbemerkt vom Vierbeiner, fallen und schicken ihn nach einigen Metern zum Suchen zurück. Steigern Sie jedoch nicht zu schnell. Ihr Hund soll stets Erfolg bei der Suche haben.

Das Apportieren mit Kommandos kombinieren. Verbinden Sie das Apportieren mit Kommandos, die Ihr Welpe schon beherrscht.

- So können Sie ihm ein »Sitz« abverlangen und werfen den Gegenstand.
- Diesmal darf der Junghund aber nicht sofort hinterher. Stattdessen laufen Sie, Hund bei Fuß, in eine andere Richtung, weg vom Spielzeug.
- Erst nach einigen Metern bleiben Sie stehen und schicken den Hund zum Spielzeug. Hierbei muss Ihr Liebling sich die Stelle merken, an der das Spielzeug liegt. Das erfordert »Köpfchen«.

Auch hier gibt es viele unterschiedliche Möglichkeiten. Sie könnten zum Beispiel vom Hund weggehen,

Dieser Welpe weiß schon ganz genau, was gleich passiert. Schließlich hat ihm Frauchen schon oft den Ball geworfen.

Nicht alle Hunde apportieren gern. Nimmt Ihr Welpe gern Dinge ins Maul und trägt sie herum, kann das ein Zeichen dafür sein, dass er großen Spaß daran findet.

das Spielzeug werfen, den Hund zu sich rufen und ihn dann erst apportieren lassen und vieles mehr.

Gegenstände aufheben und apportieren. Apportiert Ihr Hund gerne, können Sie ihm beibringen, alle möglichen Gegenstände für Sie aufzuheben. Ihnen ist ein Kugelschreiber hinuntergefallen? Kein Problem, Ihr Hund wird ihn für Sie aufheben und hat Spaß dabei. Auch bestimmte Dinge zu suchen und zu bringen, ist im Alltag wertvoll. Sie haben die Fernbedienung oder den Schlüssel verlegt? Fragen Sie Ihren Hund! Ich habe schon Vierbeiner erlebt, die Ihren Menschen die Pantoffeln und das wohlverdiente Feierabendbier (bitte nur PET-Flaschen) geholt haben. Sie können Ihren kleinen Vierbeiner auch dazu anleiten, seine Spielsachen aufzuräumen und sie in seine Spielkiste zu bringen. Hat Ihr Hund einmal begriffen, dass es sich lohnt, Dinge aufzuheben und zu bringen, können Sie vieles ausprobieren.

Vorsicht! Es gibt Hunde, die unaufgefordert jeden Papierschnipsel aufheben, nur um ein Leckerchen zu ergattern. Das kann dann auch schon mal sehr lästig werden. Achten Sie darauf, dass Ihr Welpe nur nach Ihrer Aufforderung Dinge apportiert. Und auch nur dann wird er dafür belohnt.

Die Beute abgeben oder doch lieber behalten? Wenn Sie im Training die Spielzeug-Beute gegen Futter tauschen, lernt Ihr kleiner Liebling, sie Ihnen bereitwillig zu überlassen. In diesem Moment fällt Ihrem Welpen die Enscheidung gar nicht schwer.

TYPGERECHTES WELPENTRAINING

Zu welchem Typ gehört Ihr Welpe? Hier bekommen Sie ein paar wichtige Tipps.

Tipps für Draufgänger

Alles, was mit Bewegung zu tun hat, liebt der Draufgänger. So wird er auch beim Apportieren freudig mitmachen. Verhindern Sie, dass sich der Welpe überfordert. Er kann selbst nicht einschätzen, wann es genug ist. Brechen Sie das Spiel rechtzeitig ab.

Tipps für Sensible

Wenn der Sensible einmal herausgefunden hat, wie sehr Sie sich über einen zurückgebrachten Gegenstand freuen, wird er mit Feuereifer bei der Sache sein. Bauen Sie das Training langsam auf. Schauen Sie, was der Hund anbietet, und lassen Sie es in kleinen Schritten schwieriger werden.

Tipps für Sturköpfe

Der Sturkopf ist stets offen für Neues. Deshalb werden Sie überrascht sein, wie konzentriert und freudig er bei der Sache ist, wenn Sie mit dem Training beginnen. Hat er begriffen, was er machen soll, lässt die Motivation bei ihm oft nach. Einmal mehr ist hier Ihre Kreativität gefragt, um ihn bei der Stange zu halten.

Tipps für Gemütliche

Auch beim Gemütlichen ist es wichtig, nicht zu lange zu trainieren. Er soll Spaß an der Sache behalten und möglichst noch motiviert sein, wenn Sie schließlich das Spielzeug wieder einpacken. Der Gemütliche wird das Apportieren in der Regel mögen, dem Gegenstand jedoch in seinem ganz eigenen Tempo folgen und ihn zu Ihnen bringen.

ÜBUNG 15

ALLEIN BLEIBEN

Auch wenn Ihr kleiner vierbeiniger Liebling ein vollwertiges Familienmitglied werden soll, es wird eine Zeit kommen, in der er auch mal allein zu Hause bleiben muss.

ZIEL DES TRAININGS
Der Welpe soll behutsam daran gewöhnt werden, allein zu Hause zu bleiben. Er soll ohne Stress und Aufregung ruhig auf Ihre Rückkehr warten.

Gerade erst gefunden, frisch verliebt – wer mag da an Trennung denken? Tatsächlich muss das Thema Alleinbleiben direkt am Anfang der Hundeerziehung stehen. Denn mit der Trennung wird ein Meilenstein für das Miteinander gelegt. Der Hund lernt von Beginn an, sein Mensch geht – und kommt zurück. Das Normalste der Welt.

Wer glaubt, er müsse seinen vierbeinigen Freund nicht ans Alleinsein gewöhnen, irrt: Ein Hundeleben ist lang, und irgendwann kommt die Situation, in der weder Eltern, Kinder noch Nachbarn auf den Hund aufpassen können. Gewöhnen Sie deshalb schon den Welpen daran, dass Sie zwar die Wohnung verlassen, jedoch immer wieder nach Hause zurückkommen. Vertrauen ist die beste Basis für jede weitere Hundeerziehung. Übrigens, wer meint, dieses Thema sei für ihn besonders entscheidend, da er zukünftig das Tier acht bis zehn Stunden allein lassen möchte, der sollte seinen Wunsch nach einem Hund als Haustier noch einmal dringend überdenken.

Vier bis sechs Stunden Isolation pro Tag gelten als absolutes Maximum und sind auch nur für körperlich und geistig gut ausgelastete Hunde ertragbar.

Drei bis fünf Tage nachdem der Welpe bei Ihnen eingezogen ist, beginnt das Training. Zunächst mit einem Perspektivwechsel: Stellen Sie sich vor, dass der Welpe noch nie allein war. Immer wuselten seine Geschwister, seine Mutter und der Züchter oder das Tierheimpersonal um ihn herum. Das Gefühl, in einem großen, stillen Raum das einzige Lebewesen zu sein, ist absolut neu für Ihren kleinen Liebling. Deshalb sollte dieses neue Kapitel in seinem Leben konsequent, sehr sanft und in kleinen Schritten erschlossen werden.

ÜBUNGSSCHRITT 1:

Für einen erfolgreichen Beginn dieser Lektion ist der richtige Moment entscheidend. Und der ist für einen

Welpen dann gekommen, wenn er ausgiebig gespielt und getobt hat und richtig ausgepowert ist.

- → Leisten Sie ihm dann noch einen Moment Gesellschaft. Streicheln Sie ihn.
- → Kurz bevor er einschläft, verlassen Sie den Raum, kommen aber schon nach wenigen Augenblicken wieder zurück – ohne Aufhebens, Ansprache oder ihn eines Blickes zu würdigen.
- → Der Welpe erlebt hier die Alltäglichkeit, die Normalität der Trennung ebenso wie Ihre Verlässlichkeit: Sie gehen, und Sie kommen wieder zurück.

Wie oft üben? Wiederholen Sie diese Situation einige Male. Ziel ist es, dass der Hund gar nicht erst auf den Gedanken kommt, eine kurze Trennung sei schmerzhaft oder problematisch.

Wichtig: Sie sollten in dieser Situation gelassen sein. Der Hund spürt Ihre Gefühle. Jede Angespanntheit nimmt er als Warnsignal wahr. Ihre Emotionen sind seine Perspektive auf die Welt.

ÜBUNGSSCHRITT 2:

Wenn Sie das Zimmer so lange verlassen können, dass Sie es schaffen, unter die Dusche zu springen, ist das erste Ziel geschafft. Jetzt ist der Hund bereit für den nächsten Übungsschritt.

- → Sie ziehen Schuhe oder Jacke an, nehmen den Schlüssel oder Ihre Tasche und laufen damit durch die Wohnung. Denn diese Gegenstände brennen sich bei dem Welpen als sogenannte Schlüsselreize ein, die für ihn unmittelbar mit dem Verlassen des Zuhauses verknüpft sind. Ist er jetzt schon bereit zu akzeptieren, dass Sie das Haus ohne ihn verlassen?
- → Gehen Sie zur Haustür hinaus, bringen Sie den Müll weg oder trinken Sie einen Kaffee bei den Nachbarn. Klappt das alles reibungslos, hilft die moderne Technik beim Überprüfen, wie sicher der Hund im Training ist. Legen Sie ein Smartphone mit Kamera in das Welpenzimmer.

Wie oft üben? Wie häufig Sie dies wiederholen müssen, hängt stark von Ihrem Hund und seinem

1. Auch im Training ist es wichtig, Jacke oder Schuhe anzuziehen, um dem Welpen auf diese Weise zu vermitteln, dass ich gleich den Raum verlasse.

2. Dann drehe ich mich um und gehe zur Tür hinaus. Wie wird der Welpe reagieren? Bleibt er ruhig und akzeptiert, dass ich weg bin, oder jault er herzzerreißend?

3. Anfangs kehre ich bereits nach wenigen Augenblicken zum Hund zurück. Er begreift so mit der Zeit, dass ich ihn nicht allein lasse und stets zurückkomme.

Verhalten ab. Ist er stets gelassen, schaut kaum auf, wenn Sie gehen, können Sie das Training schnell steigern. Merken Sie jedoch, dass Ihr Welpe durch Ihr Weggehen gestresst ist, müssen Sie behutsamer vorgehen.

ÜBUNGSSCHRITT 3:

Dehnen Sie Ihre Abwesenheit immer weiter aus. Kehren Sie stets ohne großes Aufhebens und herzliche Begrüßung zurück. So lernt der Welpe die Selbstverständlichkeit der Lage.

→ Sollte der zurückgelassene Welpe trotz aller Umsicht im Zimmer jaulen, kehren Sie in aller Ruhe zu ihm zurück. Auch jetzt, ohne ihn zu trösten, auf die Knie zu gehen oder ihn zu beachten. So schwer es fallen mag: Der Hund begreift nur so, dass eine Trennung kein Grund zur Trauer ist und er Ihre Zuwendung nicht mit Jaulen erzwingen kann. Sie erleichtern damit dem Hund und sich selbst in Zukunft das Alleinbleiben. Allein Ihre Anwesenheit signalisiert ihm: Mein Mensch ist da.

→ Hat der Welpe sich beruhigt, darf er wieder ausgiebig gekrault werden.

Wichtig: Sinnvoll ist es, den Hund zunächst immer zur selben Uhrzeit allein zu lassen. Auch wenn er nicht weiß, dass sein Frauchen oder Herrchen stets um Punkt 9 Uhr verschwindet, entwickelt er ein Bewusstsein für die Tagesstruktur und prägt sich schon jetzt den Vormittag als ruhige Zeit – ohne Sie – ein.

ÜBUNGSSCHRITT 4:

Herzlichen Glückwunsch, Ihr Hund kann allein bleiben! Doch noch ist das Training nicht abgeschlossen. Bevor Sie den Welpen wirklich allein lassen, da Sie beispielsweise wieder zur Arbeit gehen müssen, sollten Sie eine Alternative organisiert haben. Gewöhnen Sie ihn also an Personen, die ihn im Zweifel während Ihrer Abwesenheit betreuen können und wollen. Dies können Familie, Freunde oder auch ein professioneller Hundesitter sein. Wenn die Betreuung nicht bei Ihnen zu Hause stattfindet, gewöhnen Sie Ihren Kleinen auch an den veränderten Ort, etwa die Wohnung Ihrer Schwiegermutter oder die Hundetagesstätte.

SO WIRD DAS WEGGEHEN ZUM RITUAL

Häufig passiert es leider, dass der Hund das Alleinbleiben zwar eigentlich verstanden hat und es im normalen Alltag auch in der Regel problemlos klappt, aber dann Ihr nächster Urlaub ansteht. Sie haben jetzt wieder viel Zeit für Ihren kleinen Vierbeiner, sind ständig da und mit ihm zusammen. Hund und Mensch genießen das.

Am Ende Ihres Urlaubs gehen Sie davon aus, dass alles so fantastisch weiterläuft wie vor Ihrem Urlaub. Ihr Vierbeiner hat jedoch während dieser Zeit das Alleinsein buchstäblich verlernt. Jetzt macht er die schlechte Erfahrung, von heute auf morgen ohne seinen geliebten Menschen auskommen zu müssen. Eben dies wollten Sie mit dem vorangegangenen sorgfältigen Training vermeiden. Es ist also wichtig, auch Wechsel in den Alltag mit einzubeziehen und weiterzutrainieren, selbst wenn Sie davon ausgehen, Ihr Welpe hat es für alle Zeit verstanden, allein zu bleiben.

Bleib bei mir! Hunde sind Rudeltiere und genießen das Zusammensein mit ihren Menschen ungemein. Das Alleinbleiben muss in kleinen Schritten geübt werden.

Haben Sie das Training gut aufgebaut, wird der kleine Vierbeiner entspannt in seinem Körbchen bleiben, wenn Sie ihn eine Zeit lang allein lassen. Er weiß: Auf Sie ist Verlass. Sie kommen garantiert zu ihm zurück.

Sollte es passiert sein, dass Ihr kleiner Vierbeiner aus irgendeinem Grund rückfällig geworden ist und plötzlich jault, wenn Sie weggehen, obwohl vorher das Alleinbleiben wunderbar geklappt hat, können Sie versuchen, das Alleinbleiben zu ritualisieren. Hierzu wiederholen Sie beim Weggehen immer einen kurzen Satz, zum Beispiel »Bis gleich«. Ziel ist es, dass der Hund eine Erwartungshaltung aufbaut und dies das Signal dafür wird, dass Sie zurückkommen werden. Der Vierbeiner soll so bei diesem Signal, bei dieser Betonung des kurzen Satzes die Sicherheit bekommen, Ihr garantiertes Zurückkommen zu verinnerlichen. Im Grunde konditioniert man hier das Alleinbleiben auf eine sehr positive Weise, weshalb die Belohnung am Ende der Übung besonders wichtig für den Welpen ist.

→ Sie ziehen Schuhe und/oder Jacke an, nehmen den Schlüssel und/oder Ihre Tasche. Ihr Welpe kennt diese Szene ja bereits und weiß somit, dass Sie gleich den Raum verlassen.
→ Während Sie aus dem Zimmer gehen, sagen Sie »Bis gleich«, kommen aber sofort wieder zurück und belohnen den Hund.

Wie oft üben? Das wiederholen Sie viele, viele Male. Je fleißiger Sie hier sind, desto schneller gewöhnt sich der Hund.

Wichtig: Auch bei diesem Ritual dürfen die Zeiträume zwischen Gehen und Wiederkommen nur ganz allmählich gesteigert werden. Wenn Ihr Kleiner sichtbar entspannt bleibt, wenn Sie den Raum verlassen, dürfen Sie sehr kleinschrittig den Zeitraum des Wegbleibens verlängern. Hier hilft es einmal mehr, eine Kamera aufzustellen und von draußen zu beobachten, wie der Welpe sich verhält. Kommen Sie unbedingt sofort zurück, sobald Sie merken, bei Ihrem Welpen kommt wieder Stress auf. Zunächst also in der Nähe bleiben, damit Sie im Zweifel schnell zurückkommen können. Wie bei allen anderen Konditionierungen wird auch hier nach und nach die Futterbelohnung weniger, bis man sie schließlich ganz weglässt. Aber es ist ein langwieriger Prozess. Also nicht zu früh mit dem Belohnen durch Futter aufhören. Auf diese Weise sollte Ihr kleiner Vierbeiner es erneut schaffen können, entspannt allein zu Hause zu bleiben.

TYPGERECHTES WELPENTRAINING

Zu welchem Typ gehört Ihr Welpe? Hier bekommen Sie ein paar wichtige Tipps.

Tipps für Draufgänger

Für den Draufgänger ist dieses Thema meist keine große Herausforderung. Charakterlich ist er in der Regel sehr selbstbewusst und mutig. Wahrscheinlich haben Sie schon die Erfahrung gemacht, dass Ihr Zögling entspannt bleibt und Sie keines Blickes würdigt, wenn Sie den Raum verlassen.

Tipps für Sensible

Der Sensible wird allein – ohne seine Menschen – schnell unsicher. Sind Sie bei einem Welpen mit diesem Charakter geduldig und üben Sie in kleinen Schritten. Wichtig ist auch für das Wohl des Hundes, dass Sie vor allem konsequent sind.

Tipps für Sturköpfe

Der Sture ist eine Überraschungstüte. Wird er gegen die Abwesenheit seines Frauchens oder Herrchens rebellieren? Oder erkennt er schon bald den Vorteil einer Ruhepause, die das Alleinsein verspricht? Beides ist möglich. Kleine Übungsschritte erleichtern ihm, die Abwesenheit seiner Menschen zu akzeptieren.

Tipps für Gemütliche

Der Gemütliche hat schnell verstanden, was das Alleinbleiben bedeutet: Ruhe, Entspannung und Zeit für ein Nickerchen. So wird er es rasch lernen. Hier dürfen Sie die Zeiträume des Wegbleibens etwas schneller steigern. Aber seien Sie sich nicht zu sicher. Selbst dem Gemütlichen kann es mal zu lang werden. Dann könnte es auch bei ihm einen Rückschritt im Training geben.

HÄUFIGE FEHLER

Dass der Hund allein bleiben kann, ist essenziell für das gemeinsame Leben. Kann ich mit einem ruhigen Gewissen in den Supermarkt? Und wieder halbtags ins Büro? Das hängt von einem korrekten Aufbau des Trainings ab. Und diese drei Fehler gilt es zu vermeiden:

1. Zu schnelle Steigerung. Der Welpe soll in Zukunft vier Stunden allein bleiben? Dann starten wir mit einer Viertelstunde. Wer direkt so anfängt, baut Panik statt Vertrauen auf. Am Anfang geht es tatsächlich nur um die erste Minute und darum, das Anziehen, den Ablauf eben so routiniert über die Bühne zu bringen, dass der Hund ihn kennen- und nicht fürchten lernt. Bleibt er eine Minute ruhig allein, dürfen Sie langsam mit der Steigerung beginnen.
2. Details übersehen. Mein Handy klingelt, ein Kunde ist am Telefon. Sein Rhodesian Ridgeback habe die ganze Wohnung auseinandergenommen. Der Besitzer war weggegangen, der Welpe hatte Todesangst. Und das trotz präzisem Training. Was war passiert? Der Mann hatte beim Training Hausschuhe statt Straßenschuhe an – und der Hund hat genau diesen Unterschied ausgemacht. Diese wahre Geschichte zeigt, es kommt auf die Details an. Üben Sie das Verlassen der Wohnung genau so, wie Sie es später tun werden. Ihr Hund ist klüger, als Sie ahnen.
3. Authentizität vernachlässigen. Das Training hat Spaß gemacht und gut geklappt. Und jetzt setzt der Stress ein. Sie müssen los, der Hund soll funktionieren. Tut er aber nicht. Wetten? Sie verhalten sich gerade unbewusst anders als in der Übungssituation. Ihr Welpe spürt Ihre veränderte Stimmung, Ihre andere Körpersprache. Für den Hund ist die Situation nun völlig anders – und auch bei ihm setzt Stress ein. Nehmen Sie sich gerade für den Ernstfall viel Zeit. Verlassen Sie das Haus wie im Training. Dann wird es klappen, auch wenn Sie wirklich mit dem Auto wegfahren und sich nicht nur hinter der Garage verstecken.

IHR PERSÖNLICHER WELPEN-TRAININGSPLAN ZUM ABHAKEN

Die Dreharbeiten fürs TV, Training in der Hundeschule – um bei all den verschiedenen Aufgaben den Überblick zu behalten, helfen mir im Alltag Listen. Auch die Erziehung eines Welpen ist eine ganz schöne Mammutaufgabe. So fühlt es sich zumindest oft zu Beginn der Welpenzeit an. Dabei schaffen wir in der Hundeerziehung jeden Tag große Meilensteine. Mein Trainingsplan funktioniert wie eine Liste zum Abhaken. Er soll Ihnen helfen, sich all das Geschaffte vor Augen zu führen und die noch zu meisternden Herausforderungen zu erkennen. Machen Sie einen Haken bei jeder geschafften Aufgabe. Und seien Sie stolz – auf sich und Ihren Welpen.

DIE ÜBUNG »DAS GEHÖRT DIR NICHT«

Die ausführliche Anleitung zu dieser Übung finden Sie auf Seite 98. Und auf Seite 98 gibt es dazu auch ein Trainingsvideo.

- ☐ Sie sind in der Lage, über eine selbstbewusste Körpersprache Futter, das auf dem Boden liegt, für sich zu beanspruchen.
- ☐ Der Welpe zeigt aufgrund Ihrer Korrektur (noch halten Sie die Trainingsleine in der Hand) einen deutlichen Meidebogen.
- ☐ Sie erkennen, wenn Ihr Welpe nach einer Korrektur beeindruckt und defensiv ist (zum Beispiel angelegte Ohren, er leckt sich über die Schnauze, Rute ist unten).

- ☐ Sie gehen selbstbewusst am Futter vorbei. Dabei können Sie die Trainingsleine loslassen und müssen nicht mehr korrigieren. Der Welpe meidet das Futter.
- ☐ Sie können Ihren Welpen, auch wenn Sie ein paar Meter weg vom Hund sind, durch Korrektur davon abhalten, Futter vom Boden zu nehmen.
- ☐ Sie können die Korrektur auf Alltagssituationen übertragen. Sie sind in der Lage, das Feedback Ihres Welpen zu lesen, und achten immer darauf.

DIE ÜBUNG »BEGRENZEN«

Die ausführliche Anleitung zu dieser Übung finden Sie auf Seite 104. Und auf Seite 104 gibt es dazu auch ein Trainingsvideo.

- ☐ Sie können Ihrem Welpen selbstbewusst körpersprachlich einen bestimmten Bereich zuweisen und ihn über die Korrektur dort halten, bis Sie, ebenfalls körpersprachlich, auflösen.
- ☐ Der Welpe akzeptiert die Begrenzung, auch wenn Sie ein paar Schritte weggehen und leichte Ablenkung vorhanden ist. Er entspannt sichtbar in seinem Bereich und verlässt ihn erst, nachdem Sie ihn dazu aufgefordert haben.
- ☐ Der Welpe akzeptiert die Begrenzung auch bei starker Ablenkung (etwa Türklingel).

DIE ÜBUNG »NAMENSTRAINING«

Die ausführliche Anleitung zu dieser Übung finden Sie auf Seite 114.

- ☐ Ihr Welpe hat die Verknüpfung hergestellt, dass es sich lohnt, Ihnen seine Aufmerksamkeit zuzuwenden, wenn er seinen Namen hört.
- ☐ Ihr Welpe reagiert auch bei Ablenkung auf seinen Namen, wenn Sie ihn dabei antippen (leicht in die Flanke stupsen) und sich dann rückwärts bewegen.
- ☐ Ihr Welpe reagiert in jeder Situation auf seinen Namen – auch ohne dass er von Ihnen dabei angetippt wird.

DIE ÜBUNG »MARKERSIGNAL AUFBAUEN«

Die ausführliche Anleitung zu dieser Übung finden Sie auf Seite 116.

- ☐ Ihr Welpe hat verstanden, dass ein bestimmtes Wort oder Geräusch unmittelbar mit einer Belohnung verknüpft ist. Er weiß, dass er alles richtig gemacht hat.
- ☐ Der Welpe hat die Kochlöffelübung verstanden (der Hund stupst den Kochlöffel mit der Schnauze an und wird gemarkert (→ Übung, Seite 117).

DIE ÜBUNG »BLICKKONTAKT«

Die ausführliche Anleitung zu dieser Übung finden Sie auf Seite 118.

- ☐ Auf ein kleines Geräusch hin schaut Ihr Welpe Sie an, wenn Sie beide Hände, in denen sich jeweils Futter befindet, auseinander ziehen.
- ☐ Der Welpe schaut Sie, auch ohne dass Sie ein Geräusch machen, direkt an, nicht die Futterhände.
- ☐ Sie haben den Blickkontakt im Alltag gefestigt. Auch auf Spaziergängen schaut der Welpe Sie immer wieder an.
- ☐ Sie haben mit Ihrem Welpen die Napfübung erfolgreich absolviert (der Hund hat gelernt, dass es ihn schneller ans Ziel bringt, wenn er sich aktiv zurücknimmt und Sie anschaut).

DIE ÜBUNG »SITZ UND AUFLÖSEN«

Die ausführliche Anleitung zu dieser Übung finden Sie auf Seite 124. Und auf Seite 124 gibt es dazu auch ein Trainingsvideo.

- ☐ Ihr Welpe setzt sich hin, wenn Sie ihm Futter zeigen, die Hand mit erhobenem Zeigefinger hochziehen und dabei ein paar Schritte rückwärts gehen.
- ☐ Sie können allein mit Ihrem erhobenen Zeigefinger das Sitzen bei Ihrem Welpen auslösen.
- ☐ Sie haben beim Welpen die Verbindung zwischen dem Auflösesignal »Jetzt« und dem Futterwerfen fest etabliert (deutliche Handbewegung nach vorn, Futter werfen und gleich- zeitig das Wort zum Auflösen der Übung sagen).
- ☐ Sie haben es durch Intervallfütterung (häufiges Füttern in sehr kurzen Abständen) geschafft, Ihren Welpen über einen längeren Zeitraum ruhig sitzen zu lassen, bevor Sie die Übung auflösen.
- ☐ Der Welpe bleibt ruhig und aufmerksam sitzen, obwohl Sie sich ein paar Schritte entfernen,
- ☐ Der Welpe bleibt trotz Ablenkung sitzen.
- ☐ Der Welpe bleibt auch dann ruhig sitzen, wenn Sie sich so weit von ihm entfernen, dass er Sie nicht mehr sehen kann.

DIE ÜBUNG »RÜCKRUF«

Die ausführliche Anleitung zu dieser Übung finden Sie auf Seite 136. Und auf Seite 136 gibt es dazu auch ein Trainingsvideo.

- ☐ Sie haben das Werfen der Superbelohnung ganz allein für sich und noch ohne Beisein Ihres Hundes ausführlich geübt und sich eine spannende Wurftechnik angeeignet (wichtig, denn die geworfene Belohnung soll später im Hund die Vorstellung eines flüchtenden Beutetieres auslösen).
- ☐ Sie haben nun das Werfen der Superbelohnung gemeinsam mit Ihrem Hund geübt.
- ☐ Sie haben Ihren Welpen auf das Signal (Wort oder Pfiff) konditioniert (inklusive »Einfrieren«, also kurzes Verharren, bevor das erlösende Signal kommt).
- ☐ Sie haben bei leichter Ablenkung des Welpen den Überraschungseffekt des Weglaufens nach dem Pfiff eingebaut.
- ☐ Diesen Schritt (pfeifen – weglaufen – werfen) haben Sie etwa 10 Wochen trainiert.
- ☐ Sie haben mit Ihrem Welpen den Ablauf »Pfiff – laufen – werfen – den Hund bei mir belohnen« trainiert, sodass er mühelos funktioniert.
- ☐ Der Welpe kommt weiterhin direkt und freudig – auch bei verzögertem Loslaufen.
- ☐ Sie haben die Belohnungen während des Rückruftrainings variiert und langsam abgebaut.

DIE ÜBUNG »LEINENFÜHRIGKEIT«

Die ausführliche Anleitung zu dieser Übung finden Sie auf Seite 130. Und auf Seite 130 gibt es dazu auch ein Trainingsvideo.

- ☐ Sie klinken immer die Führleine ins Halsband Ihres Welpen, wenn Sie die Leinenführigkeit mit ihm trainieren wollen.
- ☐ Der Welpe läuft aufmerksam an der Leine neben Ihnen, wenn Sie mit zugewandter Körpersprache, Futterbelohnungen und eingebauten Richtungswechseln gehen, bis Sie ihn ableinen und das Auflösungszeichen geben.
- ☐ Der Welpe geht nun auch längere Strecken mit nur wenigen Richtungswechseln ruhig an der Leine.
- ☐ Sobald Ihr Welpe Sie überholt, sind Sie in der Lage, Ihren Welpen so zu korrigieren, dass er ein Feedback zeigt.
- ☐ Der Welpe macht an der Leine bei jedem Tempowechsel, den Sie vornehmen, gut mit.
- ☐ Der Welpe lässt sich trotz Ablenkung auch bei Hundebegegnungen problemlos an der lockeren Leine führen.

DIE ÜBUNG »PLATZ«

Die ausführliche Anleitung zu dieser Übung finden Sie auf Seite 146. Und auf Seite 146 gibt es dazu auch ein Trainingsvideo.

- ☐ Der Welpe folgt Ihrer Hand, in der sich Futter befindet, in eine liegende Position.
- ☐ Der Welpe legt sich – ohne das Sie die Hand zum Boden führen müssen – bereits hin, sobald er das Futter in Ihrer Hand sieht.
- ☐ Sie haben das Signal für »Platz« eingeführt.
- ☐ Der Welpe bleibt auch über einen längeren Zeitraum liegen (Intervallfütterung).
- ☐ Der Welpe bleibt liegen, obwohl Sie auf Abstand zu ihm gehen.
- ☐ Der Welpe bleibt trotz Ablenkung liegen.
- ☐ Der Welpe bleibt liegen, obwohl Sie außer Sichtweite sind.

DIE ÜBUNG »HANDTOUCH«

Die ausführliche Anleitung zu dieser Übung finden Sie auf Seite 152.

- ☐ Durch Ihre dynamische Bewegung stupst der Welpe Ihre ausgestreckte flache Handinnenseite an und wird daraufhin aus der anderen Hand belohnt.
- ☐ Der Welpe stupst die richtige (flache) Hand an – obwohl die Futterhand zuerst zu sehen war, und wird dann aus der Futterhand belohnt.
- ☐ Wenn der Welpe Ihre ausgestreckte flache Hand sieht, läuft er zu Ihnen, stupst sie an und wird aus der anderen Hand belohnt.

DIE ÜBUNG »BEI FUSS GEHEN«

Die ausführliche Anleitung zu dieser Übung finden Sie auf Seite 156. Und auf Seite 156 gibt es dazu auch ein Trainingsvideo.

- ☐ Bei doppeltem Klopfen auf Ihren Oberschenkel und Handtouch (Anstupsen der ausgestreckten flachen Handinnenseite (→ Seite 152 und Trainingsplan Seite 182 rechts) wechselt der Welpe hinter Ihnen von der einen Seite auf die andere, also von links nach rechts oder von rechts nach links.
- ☐ Der Welpe ist in der Lage, wenige Schritte an Ihrer Seite ordentlich bei Fuß zu laufen.
- ☐ Der Welpe läuft längere Strecken mit eingebautem Seitenwechsel bei Fuß (aufgelöst wird die Trainingseinheit durch das Werfen des Futters).
- ☐ Der Welpe läuft längere Strecken auch mit entsprechender Ablenkung (insbesondere durch Hundebegegnungen) bei Fuß.
- ☐ Der Welpe läuft bei Fuß, ohne dass das Hilfsmittel Handtouch noch nötig ist.

DIE ÜBUNG »STOPP-SIGNAL«

Die ausführliche Anleitung zu dieser Übung finden Sie auf Seite 162. Und auf Seite 162 gibt es dazu auch ein Trainingsvideo.

- ☐ Der Welpe begibt sich auf Ihr Kommando sofort ins Sitz oder Platz, auch wenn Sie dabei nicht stehen bleiben, sondern weiterhin in Bewegung sind.

- ☐ Der Welpe macht auf Ihr Kommando sofort Sitz oder Platz, auch wenn Sie sich dabei nicht direkt neben ihm befinden.
- ☐ Der Welpe hat gelernt, dass die Belohnung hinter ihm erfolgt, dass es das Futter oder Spielzeug quasi hinter seinem Rücken gibt (die Erwartungshaltung nach hinten ist aufgebaut), indem Sie Spielzeug oder Futter hinter ihn werfen, wenn er auf Sie zukommt.
- ☐ Der Welpe stoppt sofort auf Ihr Kommando, wenn Sie den Wurf von Futter oder Spielzeug auch nur antäuschen.
- ☐ Wenn Sie Ihren Welpen erst von Ihnen wegschicken und ihm dann das Stopp-Signal hinterherrufen, stoppt er sofort (ohne noch ein Stück weiterzulaufen).
- ☐ Der Welpe befolgt das Stopp-Signal im Alltag und auch bei geringer Ablenkung.
- ☐ Der Welpe befolgt das Stopp-Signal konsequent – sowohl bei großer Ablenkung als auch in jeder Alltagssituation.

DIE ÜBUNG »STRASSEN-TRAINING«

Die ausführliche Anleitung zu dieser Übung finden Sie auf Seite 166. Und auf Seite 166 gibt es dazu auch ein Trainingsvideo.

- ☐ Sie können auf die Straße gehen und Ihren Welpen taktgenau korrigieren, wenn er Ihnen folgen will. Sie wiederholen die Situation. Nun bleibt er am Bordstein stehen, und Sie belohnen ihn.
- ☐ Der Welpe bleibt auch dann am Bordstein stehen, wenn Sie plötzlich auf die Straße springen.
- ☐ Der Welpe wartet auch dann, wenn Sie zum Beispiel Spielzeug oder Futter (als große Anreize) auf die Straße werfen.
- ☐ Sie haben das Training an verschiedenen Orten absolviert.
- ☐ Sie können die Straße nach Blickkontakt mit Ihrem Welpen und anschließendem Auflösen gefahrenfrei überqueren.

DIE ÜBUNG »APPORTIEREN/FUTTERBEUTELSUCHE«

Die ausführliche Anleitung zu dieser Übung finden Sie auf Seite 170.

- ☐ Der Welpe rennt seinem geworfenen Spielzeug hinterher.
- ☐ Der Welpe nimmt das Spielzeug auf, Sie animieren ihn durch Rückwärtslaufen, es zu Ihnen zurückzubringen (abgesichert an der Trainingsleine)
- ☐ Der Welpe gibt im Tausch mit Futter das Spielzeug freudig ab.
- ☐ Der Welpe bringt das Spielzeug immer, egal, ob Sie es werfen, hinlegen oder verstecken.

Das Leben mit einem Vierbeiner ist aufregend, bunt und anstrengend schön. Ich möchte nicht mehr ohne Hund sein. Und Sie? Sicher auch nicht!

Das war sie, die Welpenzeit. Besonders intensive Wochen liegen hinter Ihnen, zwischen großen Idealen und der täglichen Herausforderung. Wie viele Bächlein haben Sie weggewischt, wie oft sich die Haare gerauft! Und wie sehr haben Sie dieses kleine Wesen in Ihr Herz geschlossen, gekuschelt und sich mit ihm als Familie gefühlt. So sollte er sein, dieser aufregende Anfang. Ich hoffe, ich konnte Ihnen mit diesem Ratgeber zur Seite stehen und Ihnen einen Werkzeugkasten an die Hand geben, der Ihr Leben als Hundebesitzer leichter macht. Mein Ziel war es, Ihnen zu diesem Zeitpunkt die wichtige Grunderziehung des Welpen zu vermitteln. Und vielleicht stellen Sie fest, dass Ihr kleiner Vierbeiner nun anderen Welpen etwas voraushat.

Mein Wunsch war es auch, Ihnen nicht nur zu zeigen, wie Sie das, was ich Ihnen in diesem Ratgeber empfohlen habe, mit Ihrem Welpen gut in die Praxis umsetzen können, sondern ich wollte Ihnen gern etwas Grundsätzliches aufzeigen und mit auf den Weg geben: Bitte vermenschlichen Sie den kleinen Vierbeiner nicht! Schätzen Sie ihn als ein Lebewesen mit einem eigenen Charakter, individuellen Anlagen und Potenzialen. Ich denke, wer seinen Hund so sieht, schätzt ihn noch viel mehr, nämlich als die Tierpersönlichkeit, die er ist.

Natürlich ist mit diesem Buch die Erziehung des Hundes nicht vorbei. Ihr Hund wird pubertieren. Wann? Das werden Sie spüren! Aber machen Sie sich keine Sorgen. All das Rebellieren gehört dazu und ist durch eine gute Akzeptanz prima in den Griff zu bekommen. Bleiben Sie am Ball. Trainieren Sie täglich mit Freude statt Verbissenheit. Gehen Sie, wenn nötig, einfach noch einmal ein paar Übungsschritte zurück, um wieder einen großen Sprung nach vorne zu machen. Als Nachschlagewerk funktioniert dieser Ratgeber übrigens auch für Hunde in der Pubertät oder sture Greise.

Denn egal, wie alt Ihr Hund sein mag: Es gibt Tage, und so geht es mir als Welpentrainer auch, da will einfach nichts funktionieren. Das ist aber sowohl menschlich als auch »hündisch« total okay ...

Ihr

REGISTER

Die **halbfett** gesetzten Seitenzahlen verweisen auf Abbildungen

ADRESSEN, DIE WEITERHELFEN

Fédération Cynologique Interntionale (FCI), Place Albert 1er, 13, B–6530 Thuin, www.fci.be

Verband für das Deutsche Hundewesen (VDH) e. V., Westfalendamm 174, 44141 Dortmund, www.vdh.de

Österreichischer Kynologenverband (ÖKV), Siegfried-Marcus-Str. 7, A–2362 Biedermannsdorf, www.oekv.at

Schweizerische Kynologische Gesellschaft (SKG/SCS), Thalstr. 49, CH–4710 Balsthal, www.skg.ch

Deutscher Tierschutzbund e. V., In der Raste 10, 53129 Bonn, www.tierschutzbund.de

Österreichischer Tierschutzverein, Berlagasse 36, A–1210 Wien, www.tierschutzverein.at

Schweizer Tierschutz (STS), Dornacher Str. 101, CH–4008 Basel, www.tierschutz.com

Deutscher Hundesportverband e. V., Vosshoeveler Str. 9 a, 46485 Wesel, www.dhv-hundesport.de

Berufsverband der Hundeerzieher*innen und Verhaltensberater*innen e. V. (BHV), Alt Langenhain 22, 65719 Hofheim, www.hundeschulen.de

Berufsverband für Tierverhaltensberater und -trainer e. V. (VDTT), Achtern Dieck 6, 24576 Bad Bramsstedt, www.vdtt.org

BPT-Bundesverband praktizierender Tierärzte e. V., www.smile-tierliebe.de Über das Portal finden Sie den nächstgelegenen Tierarzt.

Urlaubsberatungsservice des Deutschen Tierschutzbundes, Tel. 0228/6049627, Mo–Do 10–18 Uhr, Fr 10–16 Uhr

HAFTPFLICHT-VERSICHERUNG

Fast alle Versicherungen bieten auch Haftpflichtversicherungen für Hunde an. Informationen erhalten Sie bei Ihrer Versicherung.

KRANKEN-VERSICHERUNG

AGILA Haustierversicherung AG, Breite Str. 6–8, 30159 Hannover, www.agila.de

Allianz, Königinstr. 28, 80802 München, www.allianz.de/gesundheit/Tierkrankenversicherung

Barmenia Versicherungen, Barmenia-Allee 1, 42119 Wuppertal, www.barmenia.de

REGISTRIERUNG VON HUNDEN

Deutsches Haustierregister, In der Raste 10, 53129 Bonn, www.findefix.com

Internationale Zentrale Tierregistrierung (IFTA), Nördliche Ringstr. 10, 91126 Schwabach, www.tierregistrierung.de

TASSO e. V., Abt. Haustierzentralregister, Otto-Volger-Str. 15, 65843 Sulzbach/Taunus, www.tasso.net

BÜCHER, DIE WEITERHELFEN

Arce, J.: **Meine fünf Geheimnisse für eine glückliche Mensch-Hund-Beziehung.** Gräfe und Unzer Verlag, München

Bendel, J.: **Das Wunder der Bindung.** Gräfe und Unzer Verlag, München

Bloch, G.: **Der Wolf im Hundepelz: Hundeerziehung aus unterschiedlichen Perspektiven.** Franckh-Kosmos Verlag, Stuttgart

Bloch, G.: **Wölfisch für Hundehalter: Von Alpha, Dominanz und anderen populären Irrtümern.** Franckh-Kosmos Verlag, Stuttgart

Feddersen-Petersen, D.: **Ausdrucksverhalten beim Hund.** Franckh-Kosmos Verlag, Stuttgart

Gansloßer, U., Kitchenham, K.: **Forschung trifft Hund.** Franck-Kosmos Verlag, Stuttgart

Hegewald-Kawich, H.: **Hunderassen von A bis Z.** Gräfe und Unzer Verlag, München

Ruge, N./Bloch, G.: **Was fühlt mein Hund? Was denkt mein Hund?** Gräfe und Unzer Verlag, München

Schlegl-Kofler, K.: **Hundesprache.** Gräfe und Unzer Verlag, München

Taetz, A.: **Welpen-Spiele-Box.** Gräfe und Unzer Verlag, München

Winkler, S.: **Hunde-Clicker-Box.** Gräfe und Unzer Verlag, München

Wischall-Wagner, A.: **Entspannter Mensch – entspannter Hund.** Gräfe und Unzer Verlag, München

Ziemer-Falke, K./Ziemer, J.: **Life-Dog-Balance.** Gräfe und Unzer Verlag, München

ZEITSCHRIFTEN

Der Hund. FORUM Zeitschriften und Spezialmedien GmbH, Merching, www.derhund.de

Partner Hund. Ein Herz für Tiere Media GmbH, München, www.partner-hund.de

Dogs. Verlagshaus GeraNova Bruckmann, München, www.dogs-magazin.de

Unser Rassehund. Hrsg. Verband für das Deutsche Hundewesen e. V., Dortmund, www.unserrassehund.de

HundeWelt. Minerva Verlag, Mönchengladbach, www.hunde-welt.de

Wuff. FORUM Zeitschriften und Spezialmedien GmbH, Merching, www.wuff.de

INTERNET

www.hunde.com
Infos rund um den Hund, Diskussionsforum

www.hundewelt.at
Alles Wissenswerte über Rassehunde, mit Adressen

www.ferien-mit-Hund.de
Adressen von Hotels, Ferienhäusern und Ferienwohnungen für den Urlaub mit Hund

www.haushueter.org
Urlaubsbetreuung

www.stadthunde.com
Community rund um den Hund für zahlreiche Großstädte

www.tierklinik.de
Informationsportal zur Tiermedizin, mit Ratgeber, Info Erste Hilfe, Notdienstadressen u. a.

www.giftpflanzen.ch, www.botanikus.de
Informationen zu giftigen Pflanzen

DANK

Mein Dank richtet sich vor allem an meine langjährige Trainerin Ute von dem Bussche, die mir bei der fachlichen Umsetzung meines ersten Buches zur Seite stand. Ich danke Nina Bossy für die redaktionelle Unterstützung, ebenso Anita Zellner vom Gräfe und Unzer Verlag und meiner Lektorin Gabriele Linke-Grün für eine stets gute Zusammenarbeit. Nicht zuletzt möchte ich mich bei meinen Kunden bedanken, durch die ich so viele unterschiedliche Erfahrungen machen durfte, wodurch dieser Ratgeber erst möglich werden konnte.

DER AUTOR

André Vogt ist erfolgreicher Hundetrainer mit eigener Hundeschule, die heute zu einer der größten in Deutschland zählt. Das Training passt er individuell an die jeweilige Hundepersönlichkeit an. Wie kaum ein anderer versteht es André Vogt, auf die unterschiedlichen Welpen-Charaktere einzugehen und den Besitzern der Hunde das richtige Vorgehen beim Training zu vermitteln. Der bekannte Sixx-Welpentrainer aus der Serie »Der Welpentrainer – Auf die Pfoten, fertig, los!« liebt die Arbeit mit Welpen besonders, weil junge Hunde unverstellt und natürlich sind, neugierig, wissbegierig und verspielt. Sie zu formen und ins Leben zu begleiten, ist ein ganz besonderer Prozess für den erfahrenen Hundetrainer.
www.hundeschule-vogt.de

Der Autor betreibt auch einen Online-Shop mit Produkten rund um den Hund:
www.hundeshop-vogt.de

DIE WERDEN SIE AUCH LIEBEN.

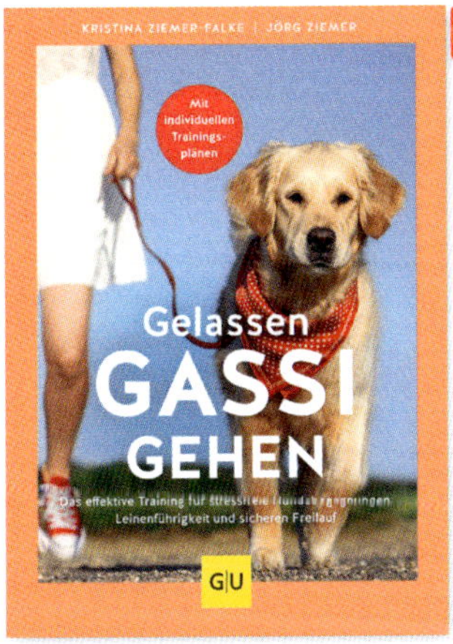

ISBN 978-3-8338-8840-3

ISBN 978-3-8338-6683-8

ISBN 978-3-8338-4849-0

ISBN 978-3-8338-6642-5

ISBN 978-3-8338-6252-6

ISBN 978-3-8338-8175-6

e Auch als eBook erhältlich.

IMPRESSUM

GU ist eine eingetragene Marke der GRÄFE UND UNZER VERLAG GmbH, www.gu.de

Lizenz durch:
Seven.One Licensing, www.sevenonelicensing.com

ISBN 978-3-8338-7591-5

8. Auflage 2025

Projektleitung: Anita Zellner
Lektorat: Gabriele Linke-Grün
Korrektorat: Annette Baldszuhn
Bildredaktion: Petra Ender, Natascha Klebl (Cover)
Umschlaggestaltung: independent Medien-Design, Horst Moser, München /
ki 36 Sabine Krohberger Editorial Design, München
Innenlayout: kral&kral design, Dießen am Ammersee
Herstellung: Susanne Fuhrmann
Satz: Ludger Vorfeld, München
Reproduktion: Longo AG, Bozen
Druck und Bindung: aprinta GmbH, Wemding

Printed in Germany

Unmwelthinweis

Dieses Buch wurde auf PEFC-zertifiziertem Papier aus nachhaltiger Waldwirtschaft gedruckt.

Die GU-Homepage finden Sie unter www.gu.de

Wichtiger Hinweis

Das vorliegende Buch wurde sorgfältig erarbeitet. Die Inhalte wurden nach bestem Wissen erstellt und mit größtmöglicher Sorgfalt geprüft. Dennoch können weder Autor noch Verlag für eventuelle Nachteile, die aus den im Buch gegebenen Hinweisen resultieren, eine Haftung übernehmen.

Bildnachweis

Alle Fotos in diesem Buch stammen von Marius Müller (www.newview-hundefotografie.de) mit Ausnahme von:
Anna Auerbach: 24-1, 48, 55-1, 55-2, 68, 71, 75, 146, 155, 156; Petra Ender: 31-2; Oliver Giel: 14-1; Imagebroker: 33, 123; iStock: 13, 14, 22, 28, 39, 62, 63, 96-2, 110, 111, 128, 170, 178; mauritius images: 85; stock.adobe.com: 26, 36, 80, 81, 82, 112-2, 171, 172-2, 173; Stocksy: 12, 34, 35, 96-1, 172-1; Dana Thimel: 4, 8, 18, 19, 32, 92, 161; Trio Bildagentur: 2, 15, 16, 24-2, 25, 27, 31-2, 42, 43, 44, 45, 49, 54, 55-3, 56, 66, 67, 70, 78, 79, 83, 94, 95, 97, 103, 112-1, 113, 122, 136, 144, 150, 177.
Icons: Shutterstock

Syndication:
www.imageprofessionals.com

QUALITÄTS-GARANTIE G|U

LIEBE LESERINNEN UND LESER,

wir wollen Ihnen mit diesem Buch Informationen und Anregungen geben, um Ihnen das Leben zu erleichtern oder Sie zu inspirieren, Neues auszuprobieren. Wir achten bei der Erstellung unserer Bücher auf Aktualität und stellen höchste Ansprüche an Inhalt und Gestaltung. Alle Anleitungen und Rezepte werden von unseren Autoren, jeweils Experten auf ihren Gebieten, gewissenhaft erstellt und von unseren Redakteur*innen mit größter Sorgfalt ausgewählt und geprüft.

Haben wir Ihre Erwartungen erfüllt? Sind Sie mit diesem Buch und seinen Inhalten zufrieden? Wir freuen uns auf Ihre Rückmeldung. Und wir freuen uns, wenn Sie diesen Titel weiterempfehlen, in Ihrem Freundeskreis oder bei Ihrem Online-Kauf.

Sollten wir Ihre Erwartungen so gar nicht erfüllt haben, tauschen wir Ihnen Ihr Buch jederzeit gegen ein gleichwertiges zum gleichen oder ähnlichen Thema um.

KONTAKT ZUM LESERSERVICE

GRÄFE UND UNZER VERLAG
Grillparzerstraße 12
81675 München
www.gu.de